U0142776

圖解系列

圖解

供應鏈管理

第三版

張福榮 / 著

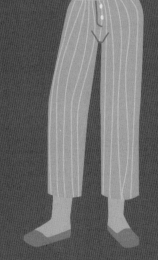

五南圖書出版公司 印行

自　序

　　供應鏈管理此項管理技術，係在 1990 年代末期開始受到企業界的重視，但它並不是突然之間出現的技術；供應鏈管理之概念及做法，早已存在企業界上下游之間的運作。過去台灣的經濟能快速成長，其中一項重要原因便是台灣的產業群聚效應，使得產業上下游之間能緊密合作。其實這便是供應鏈管理的作業模式，只是過去因資訊、通訊與網路技術不夠發達，以致必須依賴太多人力來建構供應鏈之關係；然而，隨著上述三項技術的不斷創新，使得供應鏈管理在電子化的協助之下，能充分發揮更大的效率及效益。

　　本書的撰寫方式係採整合性的做法，將供應鏈管理可能涉及的相關管理技術及電子化技術，以較淺顯的方式，儘可能給予讀者有較廣泛的接觸。本書不僅討論供應鏈管理之理論部分，更著重實務面的作業內容，也就是儘可能以理論與實務並重的方式撰寫，同時提供許多個案供研討，如此對於初接觸供應鏈管理的讀者而言，較易快速瞭解其內涵與實質作業內容。同時，本書以文字與圖形對照方式撰寫，不僅透過圖形簡單扼要呈現供應鏈管理的內容，且運用文字淺顯的說明與補充，使讀者較易認識供應鏈。

張福榮 敬上

本書目錄

本書目錄

第 2 章　供應鏈之管理與技術

第 3 章　供應鏈管理之協同作業篇

第 4 章　供應鏈管理之應用與延伸

本書目錄

第 1 章
供應鏈管理之基本概念

章節體系架構

Unit **1-1**
個案：鴻海的全球供應鏈

　　在全球化時代，經營模式的創新與獨特性成為企業成功因素之一。郭台銘認為，鴻海成功的關鍵是 CMMS〔Component Module Move & Service，關鍵零組件、模組化、動態速度（全球供應鏈）、服務〕，它是鴻海獨創的發展模式。

　　網際網路使得全球化在時間和空間上的概念已逐漸模糊。在滿足市場需求的導向下，新產品或客戶需求回應速度成為關鍵因素，也是供應鏈的基礎。在 IT 行業，各大廠誰能在最短的時間內拿出樣品並達到批量生產，誰就取得先機。

　　鴻海的全球供應鏈是如何取得優勢呢？鴻海在全球歐洲、亞洲、美洲都設有研發和生產中心，如以美國芝加哥和中國深圳研發中心為例，深圳與芝加哥的時差為13 小時。芝加哥辦公室由於接近客戶，於 10 月 18 日及時取得訂單，立即開始進行模具研究並完成模具初步結構設計，並於 18 日晚間 8 點透過 Internet 發送至中國深圳研發人員。深圳研發人員於 10 月 19 日上午 9 點（此時美國芝加哥時間為 18 日晚上 8 點）打開電腦收到文件和指令後，著手進行 2D、3D 模塊細節設計並撰寫自動化程式，於當日晚上 9 點透過 Internet 發送至芝加哥研發人員。芝加哥研發人員於 10 月 19 日上午 8 點收到未完成的設計圖和指令後，開始進行機械程式設計，於當晚 8 點將結果發送至深圳研發人員。深圳產品人員收到指令後，將相關模塊結合並進行優化處理設計，於當日晚上將結果發送至芝加哥產品人員。芝加哥產品人員收到完整的設計和工藝圖後，立即在模具加工中心進行加工，模具開出，產品完成。

　　以上只是列舉根據客戶的需求與分布情況，鴻海在美國的休斯頓、台北、德國、波蘭等地分別設有研發辦公室、生產工廠、物流服務中心等機構，以快速回應客戶需求（新品共同開發、小批量量產上市、物流供應、服務等）。

　　郭台銘表示，「全世界科技產業排名前十的大公司都希望跟我們合作，因為我們除自己獨有的 Mechanical Solution 和 SCM（Supply Chain Management），還有Key-Component，我們建立供應鏈（價值鏈），掌握 Key-Component，透過垂直整合和虛擬整合，協助客戶提升競爭力。」

　　哪些作業該委外？哪些作業自己進行？兩者又該選擇在何處進行？答案均指向全球運作，這就是總成本領先。總成本領先，是全球成本的競爭，就是：「社會成本＋國家成本＋公司營運成本」的競爭。（總成本領先是指在全球化競爭趨勢中，綜合製造成本、客戶需求反應時間、物流、接受資訊能力、文化趨同、新品量產上市到快速規模化的能力等指標後的企業綜合競爭能力。即原材料與勞動力成本到達一定程度後，在全球化競爭下，邊際效用呈遞減趨勢，尤其是 IT 等行業。）

資料來源：MBA 智庫，CMMS 模式。

問題

您認為鴻海的全球供應鏈是如何取得優勢呢？其關鍵因素為何？試論之。

個案情境說明

鴻海成功關鍵因素為：
1. 關鍵零組件　2. 模組化　3. 全球供應鏈　4. 服務

網際網路與全球化下，新產品或客戶回應速度是成功關鍵因素，也是供應鏈基礎。

最短時間拿出樣品，並達到批量生產。

鴻海在台北等地設有研發辦公室、生產工廠、物流服務中心等，以快速回應客戶需求（新品共同開發、小批量量產上市、物流供應、服務等）。

供應鏈進行垂直整合和虛擬整合

問題重點提要

鴻海的全球供應鏈

如何取得優勢？

其關鍵因素為何？

Unit 1-2
產業趨勢──全球化 (1)

　　邁向二十一世紀之企業，在營運上愈來愈困難，因為它所面對的環境更為複雜。目前全球企業所面對的環境，至少包括下列幾項特徵：

- 企業之生產模式受顧客需求與顧客滿意概念之盛行而改變。例如，顧客需求走向多樣化、個性化、少量化、產品及時交貨等。
- 產品生命週期日趨縮短。　　　　· 貨物運送速度愈來愈快。
- 產品價格降低的速度快速。　　　　· 資訊傳遞速度快。
- 資訊傳送無遠弗屆。　　　　　　　· 貿易管制日趨寬鬆。
- 市場競爭愈來愈激烈。

　　企業在面對上述環境的要求之外，卻又同時面臨更嚴重的挑戰，例如，國際恐怖活動、公共傳染病（如 SARS）等對企業經營之衝擊。上述的現象幾乎均與全球化及網路化有關。

一、全球化

　　近年來全球化雖遭遇部分人士的抵制及反抗，但是全球化仍在全世界不斷擴散其力量，而且亦造成企業經營環境的改變。國際貨幣基金（IMF）對全球化下了一個定義：「透過貨品、服務與國際資本流動，逐漸增加國界的交易種類和數量，且透過更快速與廣泛的科技，所帶給全世界國家的經濟成長。」事實上，從近年來的趨勢可知，全球化已擴及政治、法律、社會、文化、科技、環保等層面，這才能真正看清楚全球化的真義。

二、跨國界的概念

　　茲進一步說明全球化下的情形：

(一) 科技：由於近年來電腦、通訊系統的發達，使得人與人之間的聯繫更為容易，溝通成本亦隨之下降。因此在科技不斷創新下，即使企業面臨全球化的壓力，只要能具有某些專業技術，亦可擁有一席之地。當然也因面對的環境變化更大，所以面臨之挑戰亦更多。

(二) 市場開放：由於在 WTO 的架構下，世界各國市場逐漸開放，尤其中國大陸、蘇俄、印度等龐大經濟體加入其中後，擴大了全球消費市場。由於利益分享，使得世界各國的平均生活水準也隨之提高。

(三) 全球化下之就業市場：全球化代表勞動市場會隨環境變化的要求而產生改變，也就是工作機會將造成移動，這被視為一種工作輸出。它代表高工資的工作機會移至低工資的國家，也相對降低原就業市場的平均收入。這種看法具有矛盾之處，雖說它呈現部分的事實，但是低工資國家增加就業機會、各國物價水準可能相對較低，難道不也是有利於全球人民嗎？事實上，高工資國家的失業率提高，更重要的原因是其產業效率失去競爭力、就業人力不具專業能力所致，這不能全盤歸責於全球化。

全球化環境之特徵

生產模式受顧客需求與顧客滿意概念之盛行而改變	產品生命週期日趨縮短	貨物運送速度愈來愈快	產品價格降低速度快
資訊傳遞速度快	資訊傳遞無遠弗屆	貿易管制日趨寬鬆	市場競爭愈來愈激烈

全球化——跨國界的概念

科技	市場開放	全球化下之就業市場

Unit 1-3
產業趨勢──全球化 (2)

三、全球化的壓力

當企業面對愈來愈複雜的全球化環境，在資源整合上變得不易掌握，一方面企業必須全球化始能面對外界的挑戰（至少在營運概念上應有此概念，因為可能間接面對外國之競爭），但同時在人力資源、行銷活動、內部管理上卻需依賴地區性資源，如此才能使產品或服務有效進入市場。如華航、英航便改變其識別形象，將英國國旗從制服、飛機上移除，改以具設計與藝術概念的符號表達其全球化的形象。

（一）**全球本土化**：目前無論企業規模大小，只要企業直接或間接與海外企業活動有關，均必須面對全球化的壓力。目前全球企業對於全球本土化的做法均有所認同，然而，成功與否則需視其轉化的能力而定。也就是以全球化觀點思考其營運策略，而以本土化方式執行其各項活動。

（二）**全球性標準**：全球性標準的建置無法無限制的擴大，雖然能產生很大的效益，但若過度標準化，可能對創意會有更大的傷害。不過，全球性標準在電子資訊產品中確實逐漸被接受，但因牽涉個別企業的龐大利益，所以也有許多的角力。

（三）**全球性產品**：全球性產品在全球化風潮下雖風起雲湧，但是由於世界上存在太多文化價值，故不見得呈現百分之百的現象。目前確實已有部分產品具有此潛力，例如可口可樂，雖在不同地區加入不同口味，但在大多數地區仍都使用相同口味。

全球本土化將全球性產品的做法予以落實，除強調觀念，更重視本土化的資源整合，甚至將當地的文化、價值觀融入其中，使其全球性產品能真正實現。

四、企業文化的融合

企業面對全球化環境，更加速建構內部的倫理、管理方式、會計等企業慣例，使企業在營運上能在一致性的作業原則下，具有更強的競爭力。跨國界的資金流動與國際投資活動頻繁，迫使企業對全球標準的需求日增。而資訊科技與通訊技術的創新，對企業在經營管理上產生另外一種衝擊。

（一）**文化交流**：在全球化環境下，企業將產生文化衝擊與文化交流的壓力。文化交流常有助於企業競爭力的提升，也可能產生弊端，例如貪污與賄賂，對正派企業可能損失不計其數的商機。所以，推動建立全球企業倫理的標準，已成為一項重要議題。

（二）**民間影響力**：在企業的管理部分，全球性標準與運作機制若是由民間推動，可避免更多政治問題的干預，也相對加快此方面的運作速度。

全 球 化

全球化壓力

全球本土化 | 全球性標準 | 全球性產品

企業文化的融合

文化交流 | 民間影響力

全球會計標準

國際會計標準委員會 ➡ 引進全球基準的財務會計和報告標準

全球企業和區域文化

造成資金、技術、貿易、人力快速移動 ➡ 影響國家價值觀和人民的思維方式

全球化下之領導

全球領導者之培養方法 | 成功全球領導者之特質

Unit 1-4
產業趨勢──全球化 (3)

五、全球會計標準

目前國際資產之移動常在彈指之間完成，故企業欲吸引外資，便必須具有一套全球性的會計語言，亦即是企業必須與國際會計師、政府機關、全球投資者建立更緊密的關係。國際會計標準委員會（The International Accounting Standard Committee, IASC）在 1973 年成立，目的即在引進全球基準的財務會計和報告標準。該委員會的會員來自不同會計組織（如國際財務分析協會等）、不同國家的商業團體。歐洲很多公司在 1999 年使用歐元後，發現採用國際認可的會計架構具有許多優點。

當企業接受完整的全球會計標準時，不論公司設於何處，均可讓企業的股票在世界主要股票市場上市，目前已有許多國家採用此國際會計標準。

六、全球企業和區域文化

國家經濟與企業的全球化，造成了資金、技術、貿易、人力之快速移動，而且其影響力已大到衝擊國家的價值觀和人民的思維方式，進而改變國家組織、人民行為。例如，麥當勞於 1990 年在莫斯科設立以來，已使得俄羅斯的消費者產生兩項新觀念：消費者是皇帝，產品和商店有齊一的品質；也就是它引進了品質及服務的觀念，同時改變了零售商的傳統買賣關係。另外如商店整潔的觀念，這些種種均於無形中衝擊了俄羅斯人民的價值觀。

七、全球化下之領導

在全球化的環境下，企業對全球化的人才需求殷切，尤其是領導人才，因為他們是企業在國際上能否建立核心競爭力的關鍵因素。

(一) 全球領導者之培養方法

- 設立全球性管理團隊。
- 培養當地人為潛在領導候選人。
- 國際性任務的輪調。
- 導入跨文化的教育訓練計畫。
- 規範明確的國際生涯（即是海外經驗）。

(二) 成功全球性領導者之特質

- 能明確訂定經營管理目標。
- 可建立高效率、全方位的工作團隊。
- 能果斷面對困難決策。
- 有能力達成單位任務。
- 能有效引導個別員工與團隊對工作計畫之認同。
- 有能力激發個人與團隊之表現。
- 能提高團隊的自信心。
- 能激發團隊的工作熱情。
- 能誠實的面對錯誤，並從中學習。
- 能有效的培養與建構創新的環境。

個案：宏碁的全球運籌模式

宏碁電腦公司是在 1992 年全球運籌管理尚未流行時，已經開始籌劃相關的作業體系；當時在全球各地成立半成品的組裝線（宏碁公司稱為 Uniload Site），同時配合此做法而成立一個工作團隊稱為「Go Team」，主要任務在於使產品更容易組裝、測試等，且可在標準化及統一規格的作業程序下，使得海外組裝變得更簡單。為了迅速回應市場的變化，該公司在全球運籌模式初期的方式，類似快速組合的速食業模式，也就是當地市場組裝電腦是其核心要素，如此可避免個人電腦空運高成本及海運長時間的缺點。

為因應此策略，宏碁將變化不大、體積大且價位小的電腦外殼、電源供應器等零組件，以海運運送，降低成本；經常推陳出新、體積小、價值高等主機板的產品，以空運運送；快速變化的零組件如 CPU，則由地區性事業單位在當地採購。

不過，隨著 Dell 電腦公司採用 BTO（接單生產）模式後，庫存量不超過 7 天的情形下，宏碁公司亦發現當年的全球運籌管理之觀念與目前全世界供應鏈結合之做法並不相同，主要差異在於未考慮供應鏈從客戶到通路等完整串聯在一起。

宏碁公司在全球有幾十個組裝據點（其數量不斷調整改變），以執行其全球運籌的作業，其基地除台灣以外，尚有馬來西亞檳城、中國大陸蘇州、美國新墨西哥州的 El Paso、荷蘭 Tilburg、菲律賓蘇比克灣等據點。不過由於據點多、分布廣，以致品質、材料、人員素質等方面發生一些問題，故現在已改採用區域組裝廠（Uniload Configuration Center, UCC）的策略，即是在每個重要的地區設立一個大的中心，負責控制整體的組裝、材料運送等工作，使小規模的組裝廠可以簡化人力及功能，應付當地的需求。

宏碁公司在個人電腦製造商中，可能最具全球完整供貨能力。在強者恆強的電腦業中，該公司認為欲具有國際競爭力，必須具備全球運籌管理能力，同時國際大廠選擇合作的對象必須具有全球供貨能力。

總之，宏碁公司以「全球品牌，本土化結合」的策略，透過本土化的組裝及行銷，不但因應當地市場的變化，且可滿足全球市場及客戶的需求。所以說，他們是一個 24 小時運作的全球運籌體系。

個案情境說明

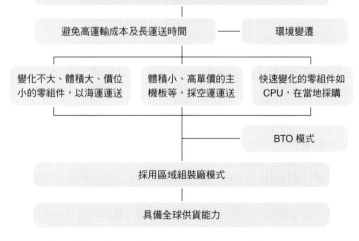

宏碁公司為了迅速回應市場需求，
全球運籌模式初期採取快速組合的速食業模式

避免高運輸成本及長運送時間 ── 環境變遷

| 變化不大、體積大、價位小的零組件，以海運運送 | 體積小、高單價的主機板等，採空運運送 | 快速變化的零組件如 CPU，在當地採購 |

BTO 模式

採用區域組裝廠模式

具備全球供貨能力

Unit 1-5
產業趨勢──網路化

　　許多企業利用全球通訊網路降低經營成本，並進行線上商業交易活動，資源分享，建立與合作夥伴的關係等，供應鏈管理即是其工具之一。

一、網路商業應用

　　EDI（Electronic Data Interchange）在訊息標準化方面提供解決方案，使得交易夥伴間之訊息具共通性而得以溝通，並進而整合不同企業系統的資料。EDI 卻無法提供訊息網路傳遞之電路整合、交易安全控制、流程稽核等作業，故 EDI VAN 的加值網路服務於焉產生。

　　EDI 在網際網路興起後才真正被企業逐漸接受。跨企業間交易平台的技術及寬頻技術的改善，使得符合經濟且具彈性的商務應用模式逐漸產生。

　　Internet 的產生使得 EDI 不能成為資訊交流的唯一選擇。Internet 的商務應用初期是運用 Web 技術，再採用 HTTP 應用層通訊協定及標準 HTML 標記語言。Web 初期之應用先從 B2C 開始，以企業端前台商務主機為主，並以網路商家一對多的方式提供消費者商品型錄查詢或購買登錄。商家除參與後續接單相關作業外，並包含物品配送與金融轉帳等作業，甚至涉及物流公司通知與銀行轉帳作業等，這將形成 B2B 之電子商務。

　　目前網路商務應用由商業流程來看，大致可歸納為 B2C 和 B2B 兩類。B2C 的發展趨勢係從靜態網頁走向動態網頁，而且也朝個性化或個人化方向設計。

　　當資訊服務架構垂直發展時，若能有效整合產業上下游體系，此時，電子商務重心便移向 B2B 發展。跨企業及組織內外部的資訊整合技術成為 B2B 是否能成功的最重要因素之一，供應鏈管理便是一例。供應商透過網際網路聚集的效果，提供市場資訊與交易機制，而成為所謂的電子交易市集。

　　各個不同地域發展出來之交易市集，若能整合成全球性之交易市集，其商務交易對象將成為多對多的雙向動態模式。在企業間電子商務之整合技術基礎架構下，能否整合成功，主要關鍵因素在語彙、傳遞及流程。而前兩項因為 XML（Extensible Markup Language）和 HTTP 的出現及普及化，使得整合技術有更大的突破。

二、電子商務應用內容

　　電子商務之應用範圍廣泛，原則上仍大致區分為 B2B 和 B2C 兩類。

（一）B2B 電子商務：B2B 電子商務之功能在於對產品直接提供服務、建立與客戶更深之關係、利於交易活動進行等，其應用內容包括電子招標、下單、協同工程、虛擬企業、電子採購、客戶服務、快速回應、視訊會議、技術支援、網路建立、企業形象建立、線上廣告、電子資料交換與客戶關係管理系統等。

（二）B2C 電子商務：B2C 電子商務之特性在於具全球性行銷與交易機會、使用容易、節省時間、資訊豐富、符合個人化需求等，其應用內容包括電子目錄、仲介服務、客戶服務、電子付款、人才招募、電子出版、電子媒體、電子賣場、技術支援、電子現金、客戶研究分析追蹤、諮詢服務、教育訓練、休閒娛樂等。

全球性通訊網路特性

提供快速便捷且便宜的資訊

可作為學習與經營管理之用,與上下游合作夥伴的交流工具

傳輸速度快、大量資料傳送、經濟且低錯誤傳送

網路商業應用

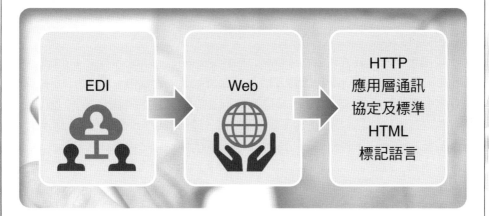

EDI

Web

HTTP
應用層通訊
協定及標準
HTML
標記語言

電子商務應用內容

B2B
電子商務

B2C
電子商務

Unit **1-6**
供應鏈之概念 (1)

　　企業執行其營運活動過程中，必須完成一連串的活動，而這些活動的不同功能便稱為公司的價值鏈（Value Chain）。一般而言，價值鏈包括對內物流、營運、對外物流、行銷與銷售、服務這些活動。而完成這一系列價值鏈的活動，公司又必須與其上下游之間（包括供應商、顧客及相關產業的公司）進行互動，這整個活動構成了價值鏈系統，此系統亦被稱為供應鏈（Supply Chain）。

　　為何近年來供應鏈的問題受到企業的重視？其原因在於供應鏈的問題與企業經營管理的本質息息相關，也就是其核心流程的價值是否能被有效的推動。由於坊間討論供應鏈時，常直接探討其做法與其效益，故反而被誤解，以為供應鏈管理只是一項管理工具，但更深層的企業核心價值反被忽略。其實供應鏈管理從外觀來看，它確實是一項管理工具，但進一步研究與分析，吾人卻可發現它是企業經營決策的思考結果，也就是供應鏈管理是一項企業營運策略，因為它涉及企業資源的投入方向與方式，且必須調整組織或新設組織執行策略。

一、供應鏈定義

　　美國生產及存貨管理協會（American Production and Inventory Control Society, APICS）供應鏈定義：第一，從原料至成品最終消費的過程中，連結所有供應商和使用者公司的程序；第二，公司內部和外部所有涉及產品生產和服務提供的價值鏈。可知供應鏈應該是企業內部的產品研發及設計、原料取得、生產製造、配銷與行銷整個完整的活動。供應鏈係指一項產品從原材料及零組件之供應商至製造商、配銷商、零售商、乃至最終消費者之間所有發生的資訊流、物流、金流、商流的所有活動。

二、良好供應鏈之條件

　　一般而言，良好供應鏈之條件說明如下。

(一) 採購條件

1. 低採購成本：零組件或原材料、成品的採購成本是降低營運成本最佳的方法之一，因此，建立一個良好的供應鏈至少必須要其採購成本低。

2. 穩定的供應來源：供應鏈非常重要的一項是供應來源穩定，有時甚至為保障供應來源的穩定，而以較高成本取得零組件或原材料。尤其是屬於關鍵性零組件或原材料，更是將供應來源的穩定視為最重要的一項策略。

供應鏈生態系統

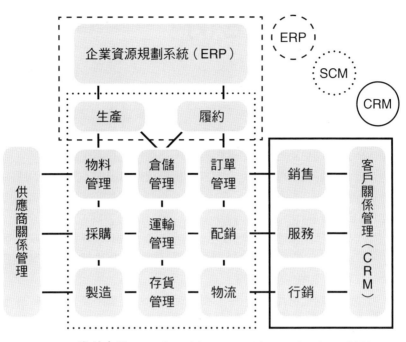

資料來源：Mark Smith, *The Visible Supply Chain*, 2000.

供應鏈定義

一項產品從原材料及零組件之供應商至製造商、配銷商、零售商和消費者之間所發生之資訊流、物流、金流及商流的所有活動。

企業內部營運活動的各項決策、執行與監督活動組成

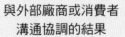

與外部廠商或消費者溝通協調的結果

良好供應鏈之條件

採購條件	製造條件	存貨管理條件	配銷條件
1. 低採購成本	1. 生產排程的穩定	1. 低存貨	1. 高存貨
2. 穩定供應來源	2. 產品線變換速度快	2. 快速補貨速度	2. 高服務水準

Unit 1-7
供應鏈之概念 (2)

(二) 製造條件

1. 生產排程的穩定：影響生產排程的因素甚多，例如，零組件或原材料的來源穩定性、需求面的下單情形等。近年來先進規劃與排程系統的發展，即是在設法穩定生產排程。

2. 產品線變換速度快：產品線變換速度快係為因應產品多樣少量化、個性化的要求所致。近年來快速換模技術的發展，便是為因應此條件之要求。

(三) 存貨管理條件

1. 低存貨：供應鏈管理的最終目的在於設法降低存貨，以減少存貨成本之積壓。在目前現金流量受到全球重視之際，低存貨的策略是提高市場競爭力的不二法門。

2. 快速補貨速度：當企業接到臨時訂單或配銷商要求低存貨時，製造商必須因應快速補貨的要求，故必須建立快速補貨系統，以免供應鏈受到阻礙而影響企業競爭力。

(四) 配銷條件

1. 高存貨：企業為因應其下游零售商或消費者的需求，故需隨時保持高存貨，達到快速供貨能力，以符合顧客的要求。

2. 高服務水準：配銷方面若無法提供高服務水準，則一切的努力可能徒勞無功，這也是近年來客戶關係管理受到重視的原因。

　　從上述各項分析可知，良好的供應鏈之條件幾乎無法同時達成，因為現實經營上會出現互相衝突的矛盾現象。由於供應鏈牽涉上、中、下游業者與消費者之各方利益，故各方的要求自然不同，也就是上述的良好供應鏈條件將產生衝突現象。所以在實務上，供應鏈中的各企業大都以協商、談判方式，達成次佳狀態，或者是達成最大勢力一方的利益。在全球化的市場中，獨大一方掌握供應鏈的情形相當普遍，例如，Dell、HP 等大廠與台灣電子業之關係便是一個明顯的例子。

　　ERP 較偏於企業內部各相關資源整合的一種系統，其軟體包括範圍有製造、訂單處理、應收帳款（應付帳款）、倉儲與運輸、人力資源等。而 SCM 則從企業內部擴展至與外部合作夥伴的運作關係。

知識補充站

個案：美國物流發展狀況

　　美國企業物流面臨新環境的挑戰：第一，隨著企業全球化，物流與供應鏈範圍擴大，管理複雜度提高，需要更多全球性物流服務；第二，由於市場多變性及客戶需求的個性化和多元化趨勢，物流服務需具備良好的靈活度；第三，企業之間的競爭已由產品競爭轉向服務競爭，物流作為企業的第三利潤來源，透過降低物流成本，改進客戶服務，以提高企業的競爭能力。

一、政府放寬管制、促進物流發展

　　從 1980 年代開始，美國逐步放寬對公路、鐵路、航空、航海等運輸市場的管制，取消運輸公司在進入市場、經營路線、聯合承運、委外運輸、運輸費率、運輸代理等多方面的投資與限制；1996 年推出《美國運輸部 1997 ～ 2002 年財政年度戰略規劃》，提出建設一個世界上最安全、方便和經濟有效的物流運輸系統。

二、積極推動企業物流合理化

　　為適應新市場環境之需要，企業一方面實現內部完整化物流管理，另一方面則建立與供應商和客戶的合作，結成完整化供應鏈夥伴，使企業之間的競爭變成供應鏈之間的競爭，例如，Dell、Cisco、IBM、Walmart、McDonald's 等成功的企業物流與供應鏈管理模式。2002 年，美國的企業物流成本為 9,100 億美元，占 GDP 的比例從 1981 年的 16.2% 下降到 8.7%，顯示美國企業物流合理化的成效。

三、大力發展第三方物流

　　美國第三方物流市場規模由 1996 年的 308 億美元上升到 2002 年的 650 億美元，但仍只占物流服務支出 6,900 億美元的 9.3%，成長潛力龐大。在過去兩年裡，第三方物流企業的客戶物流成本平均下降 11.8%，物流資產下降 24.6%，訂貨週期從 7.1 天下降到 3.9 天，庫存總量下降 8.2%，說明美國第三方物流的作用，已從單純降低客戶物流成本轉變為多方面提升客戶價值。這是因為美國第三方物流已從提供運輸、倉儲等功能性服務，衍生至提供諮詢、資訊和管理服務等，而 UPS、FedEx、APLL、Ryder 等物流企業均可為客戶提供完整化解決方案，並與客戶結合成雙贏的策略合作夥伴關係。

個案情境說明

| 1. 市場多變性及客戶需求的個性化和多元化趨勢 | 2. 全球化致使物流與供應鏈在管理上更為複雜 | 3. 企業競爭更強調服務競爭，透過降低物流成本，提升企業競爭力 |

| 1. 放寬管制、促進物流發展 | 2. 積極推動企業物流合理化 | 3. 大力發展第三方物流 |

Unit 1-8
長鞭效應

　　長鞭效應（Bullwhip Effect）能真正指出為何良好的供應鏈不容易建制的原因，即是供應鏈在最終端的需求面所傳遞之訊息與製造商或配銷商相距甚遠，故不易被他們所正確預估。產品的行銷通路層級或製造層次愈多，需求之預估愈不準確。

一、造成長鞭效應的原因

(一) **需求預測不易**：產品原材料、零組件製造商如何預估其下游成品製造商的需求？成品製造商能正確預測配銷商或零售商的需求數量嗎？配銷商或零售商又以何方式能準確預測消費者需求？也就是愈為上游者，愈不知如何有效推估消費者的真正需求。

(二) **前置時間不易掌握**：供應鏈中之前置時間係指訂單前置時間與資訊前置時間。訂單前置時間為生產及運輸貨物時間，資訊前置時間則指處理訂單的時間。在供應鏈中，每個階段均可能涉及上述所提之兩項前置時間，所以實務上，企業欲明確推估出前置時間並不容易。

(三) **批次訂購**：由於企業在訂購上，常會依據經驗採購一定數量，但實際需求量可能會花更長的時間才能完全消耗，批次訂購的做法，使上游供應商面臨了愈多的不確定性。

(四) **價格變動**：由於市場價格變動具動態性，因此，業者可能在價格較低時購入較多數量，但在終端市場需求可能不見得呈現一致性狀況，故使得需求不易掌握。

(五) **被誇大的訂單**：在企業中，由於銷售部門為配合顧客的需要，同時依其經驗認定生產部門經常無法有效的提供訂單數量，故常誇大訂單數量，以因應顧客的需要。

二、克服長鞭效應的做法

(一) **降低不確定性**：企業對於上下游之間的需求應設法降低其不確定性，例如，提高雙方資訊交流的比例，以使需求預估更為確定。

(二) **降低變異性**：對於批次訂購的情形，予以更精確的估算，使得每一批採購的數量與實際需求之差異降低。另外，價格變動所引起的變異性，其實可透過有效的行銷策略，避免市場價格過度的波動，如此亦可使市場對產品需求之變異性降低。

(三) **減少前置時間**：若企業能將其生產及運輸貨物時間與處理訂單的時間適度的降低，則提前過度的需求預估或被誇大訂單的情形將可獲得改善。

(四)建立策略聯盟關係：企業與上下游之間若能建立策略聯盟關係，不僅資訊能夠分享，亦可使溝通管道暢通，進而能對市場需求之推估更為準確，也就是有利於化解長鞭效應的產生。

造成長鞭效應的原因

1. 需求預測不易
2. 前置時間不易掌握
3. 批次訂購
4. 價格變動
5. 被誇大的訂單

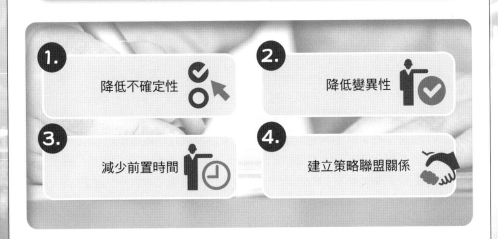

克服長鞭效應的做法

1. 降低不確定性
2. 降低變異性
3. 減少前置時間
4. 建立策略聯盟關係

Unit 1-9
供應鏈設計──影響因素及設計原則 (1)

供應鏈設計（Supply Chain Design）係指以用戶需求為中心，運用新的觀念、新的思維、新的手段，規劃企業藍圖和服務體系。即透過降低庫存、減少成本、縮短時程、即時生產與行銷、提高供應鏈效率等做法，達成提升企業競爭力之目的。

一、供應鏈設計之內涵

（一）供應鏈設計原則：透過一個共同平台運作，建立和維繫供應鏈成員間之信賴關係，包括協調機制、資訊開放與交流方式、庫存控制、生產物流計畫、資金結算方式、爭議解決機制等。

（二）網絡結構設計：供應鏈網絡結構主要由供應鏈成員、網絡結構因素和供應鏈間銜接方式組成。為使供應鏈網絡易於設計和達成合理資源分配，必須從整體角度思考網絡結構之設計。

（三）供應鏈成員及合作夥伴之選擇：包括供應商、顧客，以及直接或間接相互影響的所有企業和組織。

二、供應鏈設計策略

（一）產品面：產品面的供應鏈設計策略即是瞭解顧客需求、產品生命週期、需求預測、產品多樣性及市場標準等因素，進行供應鏈設計的做法。不同類型產品對供應鏈之設計有不同的要求，例如，功能性產品需求具有穩定性、可預測性的特性，其供應鏈設計應減少供應鏈中物理功能的成本；而創新性產品供應鏈設計則重視對客戶需求之快速回應。

也就是產品面的供應鏈，必須從有效性供應鏈（Efficient Supply Chain）和反應性供應鏈（Responsive Supply Chain）思考。有效性供應鏈考量供應鏈的物理功能，即以最低成本將原材料轉成零組件、半成品、產品；反應性供應鏈則是對未知需求做出快速回應。關鍵在於企業能否隨時因應環境變遷做出調整，以符合企業營運所需之供應鏈設計策略。

（二）成本面：成本面供應鏈設計策略即透過成本計算選擇供應鏈的節點，找出供應鏈成本最小化的設計，並符合企業所需之低成本供應鏈。

（三）投資面：投資面供應鏈設計策略係從投資的角度進行思考，重視的是地區文化（Regional Culture）、投資期貨權風險等因素，而動態聯盟與虛擬製造更加深供應鏈結構形式的複雜化及多樣化，故必須將相關不確定因素加以考量。

設計內涵

供應鏈設計原則

透過一個共同平台運作，建立和維繫供應鏈成員間之信賴關係。

網絡結構設計

供應鏈網絡結構主要由供應鏈成員、網絡結構因素和
供應鏈間銜接方式組成。

供應鏈成員及合作夥伴之選擇

包括供應商、顧客，以及直接或間接相互影響的所有企業和組織。

設計策略

產品面

產品面的供應鏈設計策略即是瞭解顧客需求、產品生命週期、需
求預測、產品多樣性及市場標準等因素，進行供應鏈設計的做法。

成本面

成本面供應鏈設計策略即透過成本計算選擇供應鏈的節點，找出
供應鏈成本最小化的設計。

投資面

重視的是地區文化、投資期貨權風險等因素。

Unit 1-10
供應鏈設計──影響因素及設計原則 (2)

三、供應鏈設計之影響因素

(一) **物流系統**：物流系統是供應鏈的物流管道，物流系統設計是指原材料和外購品等採購過程（包括入廠、存儲、投料、加工製造、裝配、包裝、運輸、配銷、零售等物流過程）進行設計。物流系統設計是供應鏈系統設計的主要工作之一。整合式供應鏈設計是從企業整體角度思考，包括物流系統、資訊、組織及其服務體系。

(二) **環境因素**：如地理、政治、文化、經濟、技術等因素，應考慮影響因素與未來環境變化對實施供應鏈之影響。

(三) **企業再造**：供應鏈的設計是一個企業再造問題。供應鏈的設計並不是全面改變現有的營運模式，而是以創新觀念進行企業再造（如動態聯盟、虛擬企業、精實生產）。

(四) **先進規劃與排程系統**：利用先進管理規劃技術（包括限制理論、作業研究、基因演算法等），在有限資源下，追求供需平衡之規劃；同時利用資訊的儲存與分析能力，在最短期間內達到最有效之規劃。此因素主要與製造業密切相關。

四、供應鏈之設計原則

(一) **雙向性**：即是融合由上而下與由下而上的雙向設計原則，由高層擬出策略與決策，再由下層部門執行決策。

(二) **合作性**：供應鏈績效取決於供應鏈合作夥伴關係的和諧性，透過優質合作夥伴關係之建立，避免供應鏈中企業的本位主義，以達成實現供應鏈最佳績效之目標。

(三) **互補性**：供應鏈中的各企業只致力於各自的核心業務，以互助、互惠方式實現供應鏈業務的整合。

(四) **創新性**：產生一個創新性系統，必須以新角度及新視野，分析原有管理模式和體系，進而推出創新供應鏈設計，包括與策略具一致性、符合市場需求、整合企業員工創造力、執行可行性。

(五) **簡單化**：為使供應鏈具快速回應市場的能力，供應鏈的每個環節都應簡單化，以縮減業務流程。供應商選擇應採少而精。

(六) **策略性**：從企業策略的角度設計供應鏈，減少不確定因素的影響，建立穩定供應鏈體系。

(七) **動態性**：環境不確定性常存在供應鏈，導致需求的扭曲；若能減少資訊傳遞過程中的延遲和失真，透過增加資訊透明度，減少不必要的中間環節，提高預測的精準度和時效性，將有利於降低不確定性的影響。

影響因素

物流系統

物流系統是供應鏈的物流管道，物流系統設計是指原材料和外購品等採購過程（包括入廠、存儲、投料、加工製造、裝配、包裝、運輸、配銷、零售等物流過程）進行設計。

環境因素

如地理、政治、文化、經濟、技術等因素。

企業再造

供應鏈的設計是一個企業再造問題。

先進規劃與排程系統

此因素主要與製造業密切相關。

設計原則

- **雙向性**：由高層擬出策略與決策，再由下層部門執行決策。
- **合作性**：供應鏈合作夥伴關係的和諧性。
- **互補性**：以互助、互惠方式實現供應鏈業務的整合。
- **創新性**：包括與策略具一致性、符合市場需求、整合企業員工創造力、執行可行性。
- **簡單化**：供應商選擇應採少而精。
- **策略性**：減少不確定因素的影響。
- **動態性**：提高預測的精準度和時效性，將有利於降低不確定性的影響。

Unit **1-11**
供應鏈設計──設計步驟

實務上進行實質供應鏈設計時，不同供應鏈，因主導者、管理顧問公司、解決方案軟體業者等的不同，會在執行步驟上有所差異。

一、探討供應鏈中核心企業之現況

主要是分析核心企業的供應與需求管理現況。對現有供應鏈管理體系進行分析，找出不利發展之問題，同時列出現有優勢。本階段目的著重在供應鏈設計的方向，並將供應鏈設計的各種影響因素加以分類列出。

二、分析核心企業所處的市場競爭環境

透過市場競爭環境的分析，掌握供應鏈之狀況。即針對產品重要性排列、生產商競爭實力排列、供應商優先順序排列、市場發展趨勢及不確定性等進行分析。

三、界定供應鏈設計目標

供應鏈設計目標係在獲得高品質產品、快速有效的用戶服務、低成本庫存等目標之間取得平衡，並避免目標間發生衝突，達成進入新市場、開發新產品、建立合作夥伴聯盟、降低成本等目標。

四、分析供應鏈中相關資源

針對供應商、顧客、原材料、產品、市場、合作夥伴與競爭對手、發展趨勢等進行分析，找出供應鏈的可能影響因素。對各因素之風險進行分析，最後依風險大小列出優先順序與因應方案。

五、擬定供應鏈架構

分析供應鏈的組成與主要業務流程和管理流程，並描繪出供應鏈中之物流、金流、資訊流、作業流和價值流，提出組成供應鏈的基本架構，解決此架構中各成員如生產製造商、供應商、運輸商、零售商及顧客的選擇和定位。

六、評估供應鏈方案之可行性

針對供應鏈設計之技術、功能、營運、管理等可行性，進行分析和評估，整合核心企業情況及對產品和服務發展策略，找出相關的供應鏈技術、方法、工具。如果方案不可行，則需重新進行設計。

七、針對新供應鏈之設計進行調整

調整新供應鏈必須處理下列關鍵工作，包括供應鏈的詳細組成成員（如供應商、設備等）、原材料供應情況（如供應商、價格等）、生產設計能力（如需求預測、庫存管理等）、資訊化管理系統平台設計、物流通路和管理系統的設計等。

八、測試新供應鏈的運作狀況

運用相關方法與技術對供應鏈進行測試。針對不理想的部分，重新修正部分設計。

九、比較新舊供應鏈的優缺點

　　針對新舊供應鏈優缺點，考量產業環境與原有供應鏈之特性及限制條件。初期暫時保留原有供應鏈上部分作業流程和管理流程，改善後再以新供應鏈的流程取代。

十、新供應鏈的運作

　　新供應鏈在運作後，並不代表可解決原有供應鏈之所有問題，因為不同供應鏈的管理內涵、方法及模式均有所差異。應順應環境變化而適時調整之。

設計步驟

1 探討供應鏈中核心企業之現況：主要是分析核心企業的供應與需求管理現況。

2 分析核心企業所處的市場競爭環境：透過市場競爭環境的分析，掌握供應鏈之狀況。

3 界定供應鏈設計目標：達成進入新市場、開發新產品、建立合作夥伴聯盟、降低成本等目標。

4 分析供應鏈中相關資源：對各因素之風險進行分析，最後依風險大小列出優先順序與因應方案。

5 擬定供應鏈架構：解決此架構中各成員如生產製造商、供應商、運輸商、零售商及顧客的選擇和定位。

6 評估供應鏈方案之可行性：整合核心企業情況及對產品和服務發展策略，找出相關的供應鏈技術、方法、工具。

7 針對新供應鏈之設計進行調整：調整新供應鏈必須處理的各項關鍵工作。

8 測試新供應鏈的運作狀況：針對不理想的部分，重新修正部分設計。

9 比較新舊供應鏈的優缺點：初期暫時保留原有供應鏈上部分作業流程和管理流程，改善後再以新供應鏈的流程取代。

10 新供應鏈的運作：順應環境變化而適時調整之。

Unit **1-12**
良好供應鏈管理應有之做法 (1)

一、企業導入供應鏈管理之原因

近年來企業投入大量經費用以建置其供應鏈，原因說明如下：

(一)**改善顧客服務品質**：顧客服務品質是企業生存的最根本法則，所以，企業若能透過 SCM，將使得顧客服務品質提高，在準時性、及時性、正確性、彈性等條件要求下，獲得顧客的信賴。

(二)**降低存貨成本**：存貨成本的增加，對目前講求速度、彈性的競爭環境而言，是一種極具威脅的壓力，若能減少存貨數量，存貨成本降低，營運資金將隨之增加。尤其全球資金快速移動的今天，現金流量的掌控更是重要；存貨成本降低，將使現金流量管理更為容易。

(三)**穩定的供應來源**：供應鏈若能有效的運作，廠商常可在較低成本下，獲得必須之原材料及零組件。尤其對於關鍵零組件或原材料更是在供應鏈管理下，可獲得較穩定的保障。

(四)**精確預估需求狀況**：供應鏈各環節之需求及狀況變化若能精確的預估，將能提前因應各項變化。

(五)**獲得最適決策**：在變化多端的環境中，供應鏈能正確的管理，將使企業與企業上下游間的互動良好，因此將取得更多資訊。透過電子化的工具，可將更多可靠之資訊轉化為企業的最適決策。

二、實施供應鏈管理之效益

一般而言，實施供應鏈管理能產生下列效益：

· 降低庫存量。

· 減少庫存缺貨率。

· 降低營運資金成本。

· 重新分析組織架構是否能因應環境之變遷。

· 縮短採購週期。

· 提高庫存的週轉率。

· 重新評估現有流程是否能滿足顧客之需求。

導入供應鏈管理之原因

1. 改善顧客服務品質

2. 降低存貨成本

3. 穩定的供應來源

4. 精確預估需求狀況

5. 獲得最適決策

供應鏈管理之效益

降低庫存量

減少庫存缺貨率

降低營運資金成本

重新分析組織架構是否能因應環境之變遷

縮短採購週期

提高庫存的週轉率

重新評估現有流程是否能滿足顧客之需求

Unit 1-13
良好供應鏈管理應有之做法 (2)

三、良好供應鏈管理應有之做法

導入供應鏈管理必須要建立一些正確的態度與做法，本書從實務角色予以說明。建立一個良好供應鏈管理並非易事，企業應從各方角度判斷、分析、執行。以下就良好供應鏈管理應有之態度與做法簡述如後：

(一) 高階管理階層方面

1. 應對供應鏈管理予以強而有力的支持。
2. 在策略性計畫上，明確指出供應鏈管理的目的。
3. 提供供應鏈管理的相關教育訓練。
4. 針對供應鏈管理進行績效衡量。
5. 對供應鏈管理的工作提供相關資源。

(二) 顧客服務方面

1. 必須整合完整的供應鏈，並將有價值的資訊提供給顧客，以符合顧客實際上之需要。
2. 調查顧客不滿意的做法。
3. 對顧客不滿意的狀況立即予以回應，並設法加以解決。
4. 對顧客不滿意之項目，應在瞭解、分析後，設法予以改善。
5. 對改善服務績效的同仁提供更多誘因。
6. 隨時監督顧客服務情形。

(三) 設計方面

1. 在新產品進入市場時，應建立一套一致性的流程。
2. 應謹慎管理新產品的發展及其作業流程。
3. 在產品設計流程的過程中，應掌握關鍵供應商。

(四) 行銷方面

1. 界定和發展創新性的行銷策略。
2. 與配銷商建立合作夥伴關係。
3. 利用多通路系統，以達到目標顧客區隔之目的（但仍可能因企業的特殊行銷通路而改變）。
4. 提供具附加價值的誘因，以尋找良好的配銷商。
5. 容許配銷商依據訂單自行組合產品。

(五) 生產方面

1. 存貨最小化。
2. 存貨與生產配合之緊密度高。
3. 少量化及多樣化。
4. 最適的工廠及倉儲設備。

(六) 採購方面
1. 針對採購鏈發展供應鏈管理策略的計畫。
2. 建立採購流程。
3. 與相應的供應商建立 EDI 系統。
4. 完成供應商管理計畫。

(七) 物流方面
1. 促使全球物流之移動最小化。
2. 完成一個倉儲管理系統。
3. 尋找具水準的物流服務提供者。

良好供應鏈管理應有之做法

1. 高階管理階層
2. 顧客服務
3. 設計
4. 行銷
5. 生產
6. 採購
7. 物流

Unit 1-14
供應鏈管理解決方案

一、供應鏈管理所面對之問題

1. 供需不平衡就存在於現實環境中。
2. 廠商間不易建立互信。
3. 投資金額過於龐大，但效果不易立即顯現。
4. 組織內部人員的反抗。
5. 企業面對過多電子化方案，常無所適從。
6. 供應商不易掌握。
7. 市場需求愈來愈難推估。
8. 內部生產控制變數多。

二、供應鏈管理解決方案之功能

(一) 規劃功能

1. 製造規劃：主要目的在整合企業內部資源，以快速回應市場需求時的製造作業，這是製造業導入 SCM 最常見的系統，它常包括產能規劃、委外作業。
2. 供應規劃：供應商的產品品質、交期等穩定性。
3. 生產排程規劃：SCM 推動上，生產排程規劃是製造業最常採用之功能。
4. 需求規劃與預測：由於市場環境變遷過大，所以，企業常不易掌握需求狀況，故透過 SCM 的需求規劃與預測，使企業較能因應市場需求。常需與其配銷商或零售商長期合作，以雙方共同經驗推估出一項最接近實際之需求量。
5. 配銷規劃：事先將各種配銷資源整合，如運交距離、運送車次、檢貨系統等。
6. 供應商網絡規劃：瞭解各供應商之資源及能力、對企業影響程度等，逐漸受到企業重視。

(二) 執行功能

1. 國際物流管理：全球化促使許多企業均會在營運上涉及國際物流的部分，所以，有關關稅作業、運輸工具之安排、幣別轉換等事項，均必須即時的處理。
2. 運輸管理：運輸管理是 SCM 中最常面對的問題，主要目的是要求公司產品能正確、準時的運達指定地點及指定人手上，所以，運輸工具決定、運送路線、運送結果回報等作業均必須充分掌握，才能發揮供應鏈之效率。
3. 存貨管理：存貨管理是企業在供應鏈中最根本的問題，如何將存貨保持在最合理的狀態，這是企業最擔心的問題，也是最不能忽略的工作。
4. 倉儲管理：倉儲管理所涉及的問題，是倉庫內貨品的流動動線、位置、庫存狀況等之掌握，所以與製造管理息息相關。

供應鏈管理面對之問題

- 供需不平衡就存在於現實環境中
- 廠商間不易建立互信
- 投資金額過於龐大,但效果不易立即顯現
- 組織內部人員的反抗
- 企業面對過多電子化方案,常無所適從
- 供應商不易掌握
- 市場需求愈來愈難推估
- 內部生產控制變數多

供應鏈管理解決方案之功能

規劃功能
- 製造規劃
- 供應規劃
- 生產排程規劃

- 需求規劃與預測
- 配銷規劃
- 供應商網絡規劃

執行功能
- 國際物流管理
- 運輸管理

- 存貨管理
- 倉儲管理

Unit 1-15
供應鏈管理之產業探討

一、SCM 市場發展趨勢

1. 利用網路工具解決 SCM 的相關問題。
2. 從出售型態轉為租賃方式。
3. 規劃功能的應用市場逐漸受到重視。
4. SCM 與 CRM 解決方案之整合。
5. 供應商管理逐步受企業重視。
6. 決策性功能的解決方案受到注意。

二、SCM 解決方案提供者之類型

(一) 完整 SCM 解決方案提供者

1. SCM 解決方案提供者：此類業者原本一開始即以 SCM 的解決方案為訴求，其內容主要包括 SCM 的規劃功能與執行功能。目前以 i2 Technologies、Adexa Manugistics 等業者最著名。

2. ERP 系統業者：此類業者原本為 ERP 的軟體公司，延伸至其他電子化方案，著名業者如 SAP、Oracle、Invensys 等公司。例如，SAP 公司即是從其訂單管理模組、製造管理模組、行銷模組等，擴展至 CRM 模組、SCM 模組。

3. 國際系統整合大廠：此類業者本身為電子大廠，其上游供應商常為配合其作業而採取其發展出來之 SCM 解決方案。例如 IBM 與 Invensys 結盟。

(二) 特定型 SCM 解決方案提供者

1. 物流業者：由於一般專業物流業者缺乏整體 SCM 的解決方案，他們大都集中在運輸、倉儲、訂單等管理系統。隨著部分大型物流業者（如 Exe Technologies）資訊技術能力的增強，其實亦逐漸走向完整 SCM 解決方案之提供。

2. 電子化採購方案業者：不少企業利用自行發展或專業軟體公司的電子採購系統，執行其供應鏈管理的工作，其目的皆在使其採購流程透明化，採購高效率化，以達採購成本之降低。尤其電子交易市集的推動，更使得其相關軟體業者的解決方案被企業所使用。目前以 Ariba、Commerce One 等業者最著名。

3. 先進規劃與排程系統提供者：由於先進規劃與排程系統已成為全球製造業最重視的一套製造管理工具，利用先進規劃與排程系統，能透過資訊技術而明顯改善製造部門的效率。目前能提供此技術的業者相當地多。

上述係指 SCM 解決方案提供者的類型，而台灣在 SCM 解決方案提供者方面，主要有兩種方式：一種是自行開發者，例如鼎新公司等，這類公司大都是 ERP 等軟體業者，但是其價格較低，故對國內的中小企業仍有相當程度的吸引力。第二類的公司係與國際大廠合作，其所提供之解決方案確實較完整，但其價格相對高出許多，例如，前進國際與 i2 Technologies 公司合作即為一例。

供應鏈管理市場發展趨勢

- 利用網路工具解決 SCM 的相關問題
- 從出售型態轉為租賃方式
- 規劃功能的應用市場逐漸受到重視
- SCM 與 CRM 解決方案之整合
- 供應商管理逐步受企業重視
- 決策性功能的解決方案受到注意

供應鏈管理解決方案提供者之類型

完整 SCM 解決方案提供者

- SCM 解決方案提供者
- ERP 系統業者
- 國際系統整合大廠

特定型 SCM 解決方案提供者

- 物流業者
- 電子化採購方案業者
- 先進規劃與排程系統提供者

Unit 1-16
推動供應鏈管理之風險 (1)

企業在推動供應鏈管理的過程中，由於營運模式的改變、企業流程之創新或調整，因此，企業勢必面臨相當高的風險。

一、推動 SCM 之風險

(一) **策略擬定與執行**：企業推動 SCM 是否能順利完成和落實，與其本身策略之擬定和執行能力有密切關係。所以推動之初，策略擬定時應明確指出 SCM 對企業哪些部門或領域有正面效果。而且應比較實施前後可能產生之落差，針對落差提出解決之道，並提出實施 SCM 之優點。常見風險包括：高階管理者是否全面瞭解策略方向的真義？企業能否擬定出完整的計畫？企業內部提供之資源是否充足？策略執行時，是否能明確指明應建構哪些 IT 元件？

(二) **委外合作夥伴**：委外合作夥伴常見之風險包括：在供應鏈運作上，企業本身解決問題的能力降低；在原有委外合作夥伴之外，可能必須安排其他合作夥伴，可能會衝擊雙方的互信度；建立分享即時資訊的網路系統，可能會引起業務機密之外洩。

(三) **市場競爭**：在市場競爭日趨激烈的環境中，企業供應鏈之運作應考量快速變遷下的環境，適時調整、修正其做法。

(四) **網路安全**：企業在身分認證、授權、隱私之保護、責任制之落實等方面，投入更大的心血，以避免因網路安全所產生之風險。

(五) **企業文化**：在整合的供應鏈中，員工在作業上必須同時考慮外部企業實際作業的問題。而合作的外部企業也必須改變過去資訊交流方式、交易作業。

當企業供應鏈擴及全球時，更會涉及各國的語言文化及國際習慣，所以，與合作夥伴必須建立一套監督和評估績效的制度、評估品質的做法、協調決策資訊的機制；甚至企業內部對於採購方式、採購人員績效評鑑與獎勵辦法，也必須隨之改變。

(六) **企業內部管理**：常見風險包括：內部稽核技巧不佳；各部門權責不明；無法充分開誠布公，造成與合作夥伴之衝突；文件無法互通，影響部門間之互動；可能造成智慧財產權之侵權行為。

(七) **專案管理**：系統整合、進度掌控、資訊規格統一等問題，透過專案管理小組考量各方之需求。

(八) **網路與資訊技術**：常見的風險包括：教育訓練不足、系統汰舊換新的問題、系統相容性、系統安全性。

個案：台積電供應鏈風險管理

　　台積電公司將供應鏈風險管理視為公司競爭優勢的一部分，在全球化下，台積電認為任何重大自然災害或意外事故可能對該公司產生影響，因此，台積電公司密切關注其合作夥伴的供應鏈風險，並主動提供協助。其關注重點包括：

(一) 營運持續計畫：台積電要求供應商對自身生產服務造成損失之各種潛在自然或人為威脅，應有應變計畫及程序，以確保能持續營運，並降低事故對台積電之衝擊。

(二) 地理位置的風險：台積電公司將全球供應鏈的廠商地理位置與全球重大意外或天災事故位置相連結，必要時立刻啟動營運持續計畫，並主動提供供應商夥伴所需的資源，恢復生產。

(三) 地震的風險：台積電公司主動幫助需要被幫助的廠商，教導他們如何強化防震工程。

(四) 氣候變遷風險：為因應可能的乾旱與洪災風險，台積電要求供應商事先備妥因應方案，如海外生產支援、增加庫存等，減少事故發生時的衝擊。

(五) 火災的風險：台積電分享經驗，協助供應商做好火災的預防。

(六) 一般環境與安全衛生：台積電主要的供應商必須取得 OHSAS 18001 或其他安全衛生管理系統的驗證。

(七) 新型流感大流行因應與防治：台積電分享企業防疫的經驗給主要的供應商參考。

(八) 運輸：台積電要求供應商對其運輸車輛做好品質管控，特別是運輸危險或有害性的化學品時，必須有適當的應變計畫與人員訓練。

(九) 次一層供應鏈風險：台積電要求供應商做好自身風險管理，也要求供應商向其次一層供應商進行風險管理，以提升整體供應鏈的可靠度。

(十) 資訊系統中斷風險：台積電要求高度依賴資訊系統的供應商必須具備異地備援機制，電腦機房應有消防與防震的防護，以降低意外事故發生的影響。

(十一) 承攬商安全衛生管理：台積電致力於成為良好的企業公民，善盡企業社會責任。該公司認為企業不僅應該提供安全工作環境給自己員工，還應該與協力廠商夥伴共同努力，為整個業界建立更高的環保、安全與衛生標準。因此，台積電在公司環保、安全與衛生政策上，明白承諾「對供應商及承攬商在環保、安全與衛生議題上進行瞭解及溝通，以鼓勵其增進環保、安全和衛生績效」；實務上則是將相關廠商人員等同公司員工，做好工作場所安全防護，也領導廠商夥伴共同降低供應鏈對地球環境的衝擊。

資料來源：台積電官方網站。

Unit 1-17
推動供應鏈管理之風險 (2)

(九) 企業商譽：在 SCM 中，顧客服務常依賴網路作業，可能在處置不當時，影響企業商譽。

(十) 企業營運：常見的風險包括：專業人才不足、缺乏充分的備用資源與應變計畫、營運監控計畫可能不佳。

(十一) 企業流程控管：若未能有效控管企業流程改造，將使 SCM 流於形式而無法落實。

(十二) 企業人力資源：例如高階主管應帶頭示範，增加教育訓練、延攬專業人才等，以因應執行 SCM 之需。

(十三) 法律規範：常見的風險包括：不瞭解各國的契約法、智慧財產權侵權問題、網路上的名稱及品牌之保護、SCM 中的資料庫之保護問題、各國對線上作業架構的規範仍未標準化。

(十四) 各國租稅制度：由於 SCM 在跨國性的情形下，可能會牽涉各國不同的租稅制度。

(十五) 貨幣與匯兌：SCM 在執行時可能會面對很高的貨幣與匯兌風險，企業不能不加以重視。

二、克服推動 SCM 所面臨之風險

在前述討論推動 SCM 的風險時，有關因應之道已有說明，此處不再贅述，但最重要的一項工作是建立雙方之互信。也就是 SCM 的本質是全面改變企業與其他企業、顧客、經銷夥伴、供應商等之傳統關係，所以，降低風險的最佳做法是讓企業與供應鏈中每一個成員均在互信的基礎上，緊密地結合在一起。進一步說明如下：

1. 雙方均應信任 SCM 的有效性。
2. 在不洩密及授權的情形下，充分運用雙方資訊，以因應市場需求。
3. 在推動新通路的情形下，尊重其他合作夥伴的智慧財產權。
4. 加強網路安全，以維護公司品牌與商譽。
5. 制定風險因應對策和備選方案。
6. 採取柔性化防範對策，包括設施移轉、產品轉移、市場移轉。
7. 加強日常風險管理。
8. 建立信任機制。

推動 SCM 之風險

策略擬定與執行	委外合作夥伴	市場競爭
網路安全	企業文化	企業內部管理
專案管理	網路與資訊技術	企業商譽
企業營運	企業流程控管	企業人力資源
法律規範	各國租稅制度	貨幣與匯兌

克服推動 SCM 所面臨之風險

- 雙方信任 SCM 的有效性
- 充分運用雙方資訊，以因應市場需求
- 尊重合作夥伴的智財權
- 加強網路安全
- 制定因應對策和備選方案
- 採取柔性化防範對策
- 加強日常風險管理
- 建立信任機制

Unit 1-18
電子化 SCM 之導入──規劃 (1)

電子化 SCM 之導入步驟可運用 PDCA 此項管理工具的概念，也就是可區分為規劃階段、執行階段、評估階段與持續改善階段。

一、規劃階段

(一) 確認電子化 SCM 之願景、目標與策略：電子化 SCM 的推動工作勢必衝擊企業文化、組織與營運模式，導入時應確認其願景、目標與策略，是企業的第一項工作。其工作項目包括：制定企業願景、制定達成此願景之目標及策略、確認達成上述目標及策略之方法是電子化 SCM、確認電子化 SCM 之目標、執行策略及執行的順序。

(二) 成立電子化 SCM 評估專案小組：由於電子化 SCM 的工作對企業影響的層面深遠，因此有必要在企業內部成立一評估專案小組，成員可包括企業內部相關主管及高階管理者，甚至亦可邀請外部的專家學者參與評估。其工作內容包括：確認電子化 SCM 專案工作的範圍與目標任務、確認電子化 SCM 專案小組的組織型態、確認電子化 SCM 專案小組成員的來源、職掌與所扮演的角色、確認電子化 SCM 專案小組之作業機制、電子化 SCM 專案小組工作內容之指定、資源之分享與作業時程表。

(三) 實施電子化 SCM 基本概念之教育訓練：電子化 SCM 的基本概念必須在全員參與下，使全體同仁有更多的認識，才能使推動之阻力降至最低點。其工作內容包括：擬定電子化 SCM 的教育訓練計畫、執行電子化 SCM 的教育訓練。

(四) 確認企業面對之內外在環境、作業流程與績效：在建立電子化 SCM 系統之前，企業必須先瞭解所面對之內外在環境如何、價值鏈上下游間每一項營運流程、企業內部作業流程與每項作業流程之績效。在這些工作分析後，即可瞭解各項作業流程的真正需求，以便在推動時能思考是否能進行改變？改變容易度如何？其工作內容包括：分析企業所面對之內外在環境、分析價值鏈上下游間每一項營運流程、分析企業內部各項作業流程、確認各項作業流程的績效指標、探討各項作業流程的實質需求。

1. **確認電子化 SCM 之願景、目標與策略**：制定企業願景、制定達成此願景之目標及策略、確認達成上述目標及策略之方法是電子化 SCM、確認電子化 SCM 之目標、執行策略及執行的順序。

2. **成立電子化 SCM 評估專案小組**：確認電子化 SCM 專案工作的範圍與目標任務、確認電子化 SCM 專案小組的組織型態、確認電子化 SCM 專案小組成員的來源、職掌與所扮演的角色、確認電子化 SCM 專案小組之作業機制、電子化 SCM 專案小組工作內容之指定、資源之分享與作業時程表。

3. **實施電子化 SCM 基本概念之教育訓練**：擬定電子化 SCM 的教育訓練計畫、執行電子化 SCM 的教育訓練。

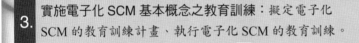

4. **確認企業面對之內外在環境、作業流程與績效**：分析企業所面對之內外在環境、分析價值鏈上下游間每一項營運流程、分析企業內部各項作業流程、確認各項作業流程的績效指標、探討各項作業流程的實質需求。

Unit 1-19
電子化 SCM 之導入──規劃 (2)

(五) **瞭解企業目前相關資訊條件與作業機制**：在進行電子化 SCM 之前，企業目前的資訊條件與作業機制必須有所瞭解，才能考量如何與價值鏈上下游間的作業流程相整合，同時亦可瞭解每項作業間的介面關係如何。其工作內容包括：分析企業的資訊軟硬體設備之資訊、分析價值鏈上下游間的資訊能力與作業流程、分析企業內部的資訊作業流程、分析各項資訊作業的介面關係、分析各項資訊作業流程之實質需求。

(六) **績效比較與問題分析**：將所蒐集之績效指標的數據與同等標準企業進行比較，瞭解其間的差異，並進一步分析其問題點。

(七) **運用典範移轉作為參考模式**：自行或透過專業顧問公司蒐集到同業間最佳典範企業之相關做法供參。

(八) **建置電子化 SCM 下之營運模式**：根據前述所分析得到的資訊，擬定最符合企業未來發展所需之營運模式。

(九) **建立電子化 SCM 之解決方案**：自行或藉助外部力量，建立企業之電子化 SCM 的解決方案。

(十) **進行可行性與成本效益分析**：其工作內容包括：電子化 SCM 專案實施的可行性評估、電子化 SCM 專案的成本效益分析、電子化 SCM 專案的風險分析。

(十一) **資訊軟硬體設備與解決方案之選擇**：前面步驟均為電子化 SCM 的前置作業，從此項目開始才是企業能更直接感受到導入工作正式進入推動階段，因為此項目與電子化 SCM 之推動有直接互動關係。資訊軟硬體設備與解決方案之選擇，將影響未來電子化 SCM 推動的工作內容與工作方式。其工作內容包括：
- 確認資訊軟硬體設備與解決方案之選擇範圍、目的和目標。
- 成立評選專案小組，以篩選合適、可靠的軟硬體設備及解決方案的提供者，作為評選的對象。
- 確認資訊軟硬體設備與解決方案的評選流程。
- 確認資訊軟硬體設備與解決方案的工作計畫和時程表。
- 制定資訊軟硬體設備與解決方案的評選項目和權重。
- 最後評選出企業電子化 SCM 所需之資訊軟硬體設備與解決方案。

(十二) **制定執行方案**：前述各項步驟完成後，便進入評估階段的最後一項工作，即制定執行方案，根據執行方案開始正式展開執行階段。

規劃階段

5. 瞭解企業目前相關資訊條件與作業機制：分析企業的資訊軟硬體設備之資訊、分析價值鏈上下游間的資訊能力與作業流程、分析企業內部的資訊作業流程、分析各項資訊作業的介面關係、分析各項資訊作業流程之實質需求。

6. 績效比較與問題分析

7. 運用典範移轉作為參考模式

8. 建置電子化 SCM 下之營運模式

9. 建立電子化 SCM 之解決方案

10. 進行可行性與成本效益分析：電子化 SCM 專案實施的可行性評估、電子化 SCM 專案的成本效益分析、電子化 SCM 專案的風險分析。

11. 資訊軟硬體設備與解決方案之選擇：
- 確認資訊軟硬體設備與解決方案之選擇範圍、目的和目標。
- 成立評選專案小組，以篩選合適、可靠的軟硬體設備及解決方案的提供者，作為評選的對象。
- 確認資訊軟硬體設備與解決方案的評選流程。
- 確認資訊軟硬體設備與解決方案的工作計畫和時程表。
- 制定資訊軟硬體設備與解決方案的評選項目和權重。
- 最後評選出企業電子化 SCM 所需之資訊軟硬體設備與解決方案。

12. 制定執行方案

Unit 1-20
電子化供應鏈之導入——執行、評估與改善 (1)

二、執行階段

執行階段的工作，從確認執行的工作範圍開始至電子化 SCM 正式上線。

(一) 確認電子化 SCM 執行的工作範圍、目的及資源：執行的工作範圍、目的及資訊是作為所有成員執行之依據。

(二) 成立電子化 SCM 之推動小組：由於企業電子化 SCM 的執行範圍，與組織、營運、流程均有密切關係，故成立一個推動小組來負責此項任務之推動有其必要性。其組成成員主要包括相關部門主管及作業負責人。不過，為解決部門之間的紛爭或對抗（主要是流程介面或權責歸屬的問題），推動小組的召集人應是企業具有最後決策權的高階領導者。當然，另外成立一個更高層次的委員會亦無不可，只要負責人具最後決策權者即可。其工作內容如下：

- 制定電子化 SCM 推動小組之組織及其工作範圍、任務。
- 制定電子化 SCM 推動小組之成員名單及其所扮演的角色、職掌。
- 確認電子化 SCM 推動小組之作業機制。
- 電子化 SCM 推動小組工作任務之分化、資源分享與時程安排。

(三) 展開電子化 SCM 之技術性教育訓練：在推動小組成立後，企業應由軟硬體設備與解決方案之提供者針對技術層面的問題，對所有小組成員進行技術性的教育訓練，以培育一群具有正確觀念、技能與實務操作經驗的人員，進而陸續在電子化 SCM 之開發、導入與維護工作提供相關的協助。

(四) 確認電子化 SCM 作業流程之需求項目：由評估階段作業需求項目中，進一步提出實務作業上更細部的電子化 SCM 的作業流程程序項目之需求項目與內容。由於這些流程項目與內容涉及流程介面的問題，因此能夠愈詳細愈佳。這項步驟除內部人員參與外，亦常借重外部專業流程管理專家的經驗進行調整。

(五) 制定作業流程需求項目與層面的各項規格：根據前一步驟所獲得的需求項目，制定電子化 SCM 作業流程之需求項目與介面的各項規格，並製作成各項規格文件。

(六) 採購並安裝軟硬體設備：在所有需求項目與介面規格取得後，便可正式進行採購各項軟硬體設備，甚至測試其相關設備的可靠度。

(七) 建構電子化 SCM 之資訊系統：由上述的需求項目及介面的規格進行系統參數之設定，並導入解決方案的軟體模組及撰寫相關的介面程式。

1. 確認電子化 SCM 執行的工作範圍、目的及資源

2. 成立電子化 SCM 之推動小組

3. 展開電子化 SCM 之技術性教育訓練

4. 確認電子化 SCM 作業流程之需求項目

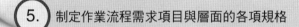

5. 制定作業流程需求項目與層面的各項規格

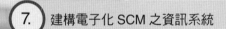

6. 採購並安裝軟硬體設備

7. 建構電子化 SCM 之資訊系統

Unit **1-21**
電子化供應鏈之導入──執行、評估與改善 (2)

(八) 電子化 SCM 之系統整合與測試：正式對電子化 SCM 系統進行系統整合與測試，並依實際運作模式驗證其可靠性、準確性。

(九) 系統使用者進行教育訓練：由專家透過功能說明及實際操作訓練，教導所有操作人員認識與熟悉各項流程與操作方式。

(十) 進行雙線作業：在正式上線作業之前，為避免員工對系統之不熟悉，或系統作業時產生非預期原因，所以，員工必須採取雙線作業。第一，使員工熟悉新系統的各項作業流程；第二，可經由測試，瞭解該系統是否能符合未來電子化之需求；第三，可使營運仍以正常方式運作。不過，此階段應與員工多溝通，使其瞭解此期間雙線作業之必要性。

(十一) 正式上線：完全由電子化 SCM 系統取代原有系統。

三、評估階段

評估階段的工作，主要包括評估檢討導入過程所面對之問題與執行後成效的評估。

(一) 執行過程之評估檢討：在執行階段可能面臨許多問題，這些問題若不予清楚確認，並進一步評估檢討，則對新系統之運作不僅沒有助益，甚至可能成為阻力。這項評估檢討工作不但是為了找出問題點，並尋求解決之道，更應納入知識管理系統之內，成為企業內部的重要知識，供作未來教育訓練與系統更進一步發展之需。以下將常見問題說明如下：

- 各相關配合單位基於權責產生之衝突。
- 因實施時程之掌控，可能影響正常作業。
- 在資源有限下，資源分配亦常有不同看法。
- 預算分配，可能衝擊各相關部門的業務執行。
- 作業流程的介面問題，尤其是與上下游價值鏈之間的協同作業。

(二) 執行成效之評估檢討：企業在導入電子化 SCM 系統後（約 3 至 6 個月），必須針對在規劃階段所認定之關鍵績效指標項目，蒐集相關數據資料，並逐一評估檢視是否符合原先預期的目標。若有所差異，應儘速明確找出其原因，並設法予以解決。若從中發現未來可供改善之處，亦應列入正式紀錄內，供未來系統發展的參考依據。

四、持續改善階段

　　根據評估階段所發現的問題，經評估檢討後，牽涉影響層面較大部分，列入本階段的改善工作。本階段應是採取持續不斷的改善態度，以期達到電子化 SCM 的願景與目標。

執行階段

8. 電子化 SCM 之系統整合與測試

9. 系統使用者進行教育訓練

10. 進行雙線作業

11. 正式上線

評估階段

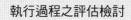

執行過程之評估檢討

執行成效之評估檢討

持續改善階段

持續不斷的改善態度

Unit 1-22
電子化 SCM 導入時應注意事項

電子化 SCM 系統導入時會面臨許多問題，但若能事前有所防範與注意，將使其衝突點降至最低。茲將應注意事項加以說明如下。

一、最高領導者的全力支持

企業在進行任何重大變革時，依實際經驗，若缺乏最高領導者的全力支持，通常都會面臨失敗的命運，推動電子化 SCM 工作亦是如此。而且最高領導者不僅只是在推動之初給予口頭上的支持而已，更應該持續在推動過程中不斷予以支持和肯定，並且依實際需求給予應有的資源。

二、應有明確的願景、目標及策略

推動電子化 SCM 應有明確的願景、目標及策略，否則專案小組在執行此項工作時，將缺乏依據準則，最後常是無疾而終，甚至相關人員還會為失敗背負責任。

三、策略合作夥伴之選定

由於電子化 SCM 大都涉及外部合作夥伴，然而在那麼多的合作夥伴中選擇合適的策略合作夥伴，這是電子化 SCM 推動過程中，一項極為重要的工作，也是不容易執行的任務。實務上，應邀請外部的專業顧問公司協助評估與評選合適策略合作夥伴，以免在經驗不足的情況下，選擇不適當者，反而造成營運上更大的困境。

四、內部業務協調應取得共識

企業在導入電子化 SCM 時，內部作業流程將產生邅變，若未事先溝通協調，則各項流程介面會產生衝突，甚至影響營運。所以，內部各部門業務的協調，取得一致性的看法是電子化 SCM 基本的工作之一。

五、進行企業文化再造與組織變革

由於企業文化會影響企業員工對電子化 SCM 的態度，若能經由企業文化再造，讓員工能體認電子化 SCM 的必要性，則在全員熱情參與的情形下，將加大成功的機率。另由於作業流程在電子化 SCM 的要求下，必須作相當程度的改變，所以若組織未隨之變革，實無法順應實際需要。

六、企業流程再造

電子化 SCM 之企業流程一定會改變，企業應以開放式想法，進行企業流程再造，以達到有效率的簡化流程與降低作業成本。

七、導入過程各項目標應明確

從電子化 SCM 的規劃階段開始，至持續改善階段，均必須制定明確的目標，一方面可作為作業之依循，另外一方面亦可作為評估檢討之用。

八、價值鏈體系上下游均應進行電子化

　　價值鏈體系上下游為配合電子化 SCM 之推動，必須投入相當程度的資訊費用，否則在電子化的運作上將無法連結。所以，價值鏈體系中的各個成員，均需推動電子化的工作。

應注意事項

1. 最高領導者的全力支持

2. 應有明確的願景、目標及策略

3. 策略合作夥伴之選定

4. 內部業務協調應取得共識

5. 進行企業文化再造與組織變革

6. 企業流程再造

7. 導入過程各項目標應明確

8. 價值鏈體系上下游均應進行電子化

Unit 1-23
電子化 SCM 導入時之資訊技術

　　資訊技術的突破，使得 SCM 的營運模式產生創新的改變，因此建立以資訊流作為導向的資訊技術藍圖，是電子化 SCM 的重要工作之一。

一、以資訊流為導向的資訊技術

（一）**資訊流發生場所**：係指 SCM 運作中會產生資訊或流經資訊的場所。資訊流發生的場所包含移動的個人、企業總部、分支機構、製造據點、支援部門、上下游業者，以及其他外部單位等。

（二）**資訊流之控管**：資訊流之控管包括控管人員為何？控管機制如何？其控管機制如何設計？控管機制又涉及哪些單位？相關的權限與流程又是如何？

（三）**資訊形式**：由於 SCM 所呈現之資訊形式是多樣化的，可能是紙本、excel 檔，甚至只是電話通知而已。所以在電子化 SCM 下，所有資訊應進入網路，並做資訊分享。因此，資訊文件的產生頻率及時間、系統欄位與報表形式的規劃設計、相關的安全權限及控管等，均應納入網路之內。

（四）**資訊技術**：由上述三項因素的探討，企業便可規劃出電子化 SCM 下的資訊技術，這也就是其資訊技術的基本藍圖，包括網路基礎建設、硬體設備、解決方案的選擇、安全機制之建構等，甚至未來展延性或委外計畫均可逐一列入其中。

二、電子化 SCM 下之資訊技術架構

　　吾人可從資訊範圍和資訊內容，定義出企業的資訊技術架構。

（一）**資訊範圍**：即是策略及目標下所設定的資訊分享範圍，包括何人獲得資訊與資訊如何獲得。尤其資訊如何獲得，更是在釐清資訊取得的介面與方式。

（二）**資訊內容**：由於資訊傳遞的形式有許多種，從簡單的電子郵件至複雜的資訊運籌，均是資訊內容可考量的形式。包括兩項重點：

　　1.資料的呈現形式與資料庫系統：假若資料的呈現形式不能以單純的文字檔顯示，必須包括許多圖檔，此時，建立多媒體分散式資料庫應是可行的方法。

　　2.資訊架構的功能特性：電子化 SCM 之資訊架構的功能特性，主要重視的是實際運用時，整體資訊系統架構應具備何種特性？例如，國際可操作性、資訊可讀寫性、異質系統間的整合性與開放性等。

以資訊流為導向的資訊技術

資訊流發生場所

資訊形式 ➡ **以資訊流為導向的資訊技術** ⬅ 資訊技術

資訊流之控管

電子化 SCM 下之資訊技術架構

資訊範圍：

即是策略及目標下所設定的資訊分享範圍，包括何人獲得資訊與資訊如何獲得。

資訊內容：

資料的呈現形式與資料庫系統資訊架構的功能特性

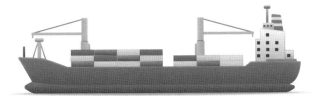

Unit **1-24**
電子化供應鏈管理之推動元件──商業元件 (1)

　　電子化 SCM 之商業元件，係指可用來建立一個反應可再利用的通用企業流程的架構下之基本要素，而這些企業流程將與 SCM 的電子應用系統整合在一起。一般而言，商業元件包括大型物件、資料結構，以及可擴充性組合的管理工具。它是推動關鍵性的商業規範和功能，且可用來滿足使用者在推動存取及執行商業功能之需求。科技元件則是滿足使用者在推動、存取及執行系統功能之需求。

一、安全性及存取控制

　　電子化 SCM 在推動時，最令供應鏈上下游業者有所疑慮的，主要是網路安全問題，也就是相關的個人資料、企業內部文件等電子應用系統的資料，能否在一定的範圍內受到保障，而且能具存取控制的功能。因此，安全性和存取控制元件可使供應鏈中之雙方獲得互信，同時可提供三項關鍵性服務。

　　(一) **資訊存取限制的制度**：資料界限控制 SCM 電子應用系統上，何人能閱覽、能做什麼、何時進行等事項。

　　(二) **遠端使用者的確認**：使用者的確認，係想要透過網際網路進入平台的使用者或程式，確認他就是所宣稱的人物。這牽涉使用者傳送機密資料至系統所產生安全性的問題。

　　(三) **根據使用者紀錄所提供的權限**：一旦元件確認對方是符合資格的使用者，元件的系統將開始進入授權流程，或是判斷使用者能存取哪些應用系統資源。

二、使用者紀錄

　　B2C 的環境中，發揮使用者紀錄元件的是一對一行銷與付款方面的確認。B2B 的環境中，則需要更完整的個人資料，使這些應用系統達到效率極大化。

三、搜尋引擎

　　利用某些類型的搜尋元件，可使電子應用系統較容易找到所欲搜尋的資料。產品目錄、支援知識庫、資訊與內容倉儲，都是搜尋元件最需要的電子應用系統。

四、內容管理與編目

　　它通常包含三項基本功能：第一，使用者可從最佳的內容分布與內容組織中得到所要的資訊；第二，電子應用系統可應用此項元件，將內容從企業龐大的資料庫裡，以動態方式將資料轉換成使用者所需之資訊；第三，管理內容、應用軟體與系統的經理人，需制定及組織作業的標準和規範。使用此類商業元件，最常見的例子是電子零售商、電子交易市集、採購平台所使用的電子型錄。

基本上，內容是以動態方式從資料庫中獲得，而且內容的設計與經常變動的大量資料是分開的。

一個完整的電子應用系統基礎設施必須要從所有系統內（包括其他既有系統、編寫內容的工具，以及獨立資料庫）獲得資料，所以，其內容管理工具應具備開放式架構和足夠的彈性。

搜尋引擎最佳化

搜尋引擎最佳化（又稱搜尋引擎優化，英文為 Search Engine Optimization，簡稱 SEO），利用搜尋引擎的搜索規則，用來提高網站在相關搜尋引擎內點閱排名的方式。

一些研究發現，搜尋引擎的使用者通常只會留意搜索結果第一頁的前幾名項目，關鍵字頁數愈後面，則愈不容易被點閱。所以很多商業網站都會想透過各種形式來影響搜尋引擎的排名，以提高點閱率。尤其以依賴廣告為主要收入的各種網站更需要。

Unit **1-25**
電子化供應鏈管理之推動元件──商業元件 (2)

五、帳單付款

目前最新的付款方式是電子錢包（Digital Wallets）與電子支票（Electronic Checks），兩者均與客戶導向的金融機構結合在一起，可以在虛擬市集中，以現金型態使用。付款元件並不是直接裝在電子應用系統平台即可，它還必須與金融機構或線上付款機構連線，才能和供應商與顧客交易。因此，企業必須利用本身的電子應用系統之付款模式來決定如何服務供應商，而付款模式可以決定應用系統平台支援的範圍是信用卡交易，還是複雜的電子資金轉帳。另外，第一，尚需具備電子應用系統與網路層級的技術彈性；第二，與其他商業元件（如內容管理、搜尋引擎等）相互搭配的能力。

六、工作流程管理

在 SCM 的平台中，應用系統的流程必須包括甚多個商業參數，因此為管理這些參數，電子應用系統應納入工作流程元件，並遵循事先規定的商業規範，以作為參與者之間傳送流程的工具。最佳的工作流程必須隨環境變遷而改變，故工作流程元件應獨立於其他元件之外，以便於修改這些流程。

工作流程元件由三個基本模組構成，包括工作流程界定模組、商業規範界定模組及工作流程引擎。

七、事件通知機制

由於 SCM 的電子應用系統是一種事件導向型的系統，所以必須包含能夠通知使用者重要訊息（如契約訂定、購買權限的爭取等）的元件。

事件通知機制元件需要軟體支援，以便監控電子應用系統流程的運作情形，記錄個別事件，並即時且自動地將清楚、完整的資訊傳送至顧客手上。

八、協同式運作

為使應用系統能具備支援協商交易條件的活動，協同式運作元件應加入安全、驗證、無法更改、明確協定、合約、及供各方界定自主交易類型的彈性工具。

九、報告與分析

SCM 電子應用系統平台的報告與分析元件，必須包括線上分析處理（Online Analytical Processing, OLAP）功能，它能界定及製作事件導向的報告、處理多層面的資料蒐集，以及建立優先順序的管理能力。

十、資料與資訊整合

　　SCM 電子應用系統係希望使價值鏈中各合作夥伴能共享相關資訊，以使資訊在最少干擾的情形下流通。這些資料與訊息包括 ERP 訊息、既有資料、數據資料交換交易、XML 資料序列，以及自有的資料形式。

　　智慧型元件具備特定應用系統的「封包碼」（Wrapper Code），它包含由使用者所定義的各種訊息，可以做到即時提供電子應用系統溝通與整合的目的。

電子化 SCM 之推動元件──商業元件

安全性及存取控制：
· 資訊存取限制的制度
· 遠端使用者的確認
· 根據使用者紀錄所提供的權限

工作流程管理：
· 工作流程界定模組
· 商業規範界定模組
· 工作流程引擎

搜尋引擎

使用者紀錄

帳單付款

內容管理與編目

事件通知機制

協同式運作

報告與分析

資料與資訊整合

Unit 1-26
電子化供應鏈管理之推動元件──科技元件

　　SCM 電子應用系統之科技元件，是商業元件的骨架。SCM 的科技架構是由電子應用系統規範、電子應用系統的分布與整合、電子資料及電子網路所構成。

一、客戶端元件

　　客戶端元件係用來管理使用者介面與其他一些應用系統邏輯，它決定使用者如何瀏覽應用系統。也就是說，客戶端元件會傳送訊息給伺服器元件，以執行使用者所指定的任務。

二、伺服器元件

　　伺服器元件是用來執行伺服器的商業邏輯，它可以使訂單的製作更為簡單，也可為不同使用者設計出各式各樣的訂單。另外，它也用來運用在網路上作為分散商業邏輯之用，以平衡負載量與應用系統。伺服器流程好像是一個管理單位，是用來管理共享的資源，例如，應用系統存取、應用系統溝通等。

三、應用系統伺服器

　　應用系統伺服器是一種利用平台提供應用系統之彈性規模架構、可靠性、安全性及管理能力，它可藉由在網路上的功能，而與網際網路、企業內網路、企業外網路上的網路相連結，且可運用及管理它們。包括三個後端階層：網路伺服器階層、應用系統伺服器階層，以及資料階層。

四、應用系統架構

　　企業在面臨科技導向的市場競爭時，必須突破三項障礙：第一，如何教育發展人員有效使用物件導向技術；第二，導入新科技風險；第三，變革成本的增加。為克服這些障礙，故 IBM 提出舊金山計畫（San Francisco Project）、EC Cubed 提出 ec Works。這些解決方案包括物件導向基礎設施、前後一致的應用系統程式設計模式（Application-programming Model），以及內定的商業邏輯，用以快速建立電子應用系統。它們可使用共享架構並整合不同軟體業者的解決方案。

五、企業應用整合系統

　　企業應用整合系統已成為重要的組織解決方案，因為它具備可解決跨平台、跨企業應用系統、企業流程整合的功能。企業應用整合系統的成功因素是，以標準化的中間軟體架構，利用分散式物件科技，便可像在平台上運作一般，達到有效整合不同的獨立應用系統。

　　企業應用整合系統具備下列特點：第一，它可取代各個特製的介面；第二，此架構可重複使用，並發展新的應用系統，進而強化現有的應用系統；第三，可降低發展的成本與複雜度；第四，加快新的特性和應用系統的利用速度。

客戶端元件

管理使用者介面與其他一些應用系統邏輯，
它決定使用者如何瀏覽應用系統。

伺服器元件

用來執行伺服器的商業邏輯，也用來運用在網路上
作為分散商業邏輯之用，以平衡負載量與應用系統。

WI-FI

應用系統伺服器

是一種利用平台提供應用系統之彈性規模架構、
可靠性、安全性及管理能力。

應用系統架構

包括物件導向基礎設施、前後一致的應用系統
程式設計模式，以及內定的商業邏輯，
用以快速建立電子應用系統。

企業應用整合系統

它具備可解決跨平台、跨企業應用系統、企業流程整合的功能。即以標準
化的中間軟體架構，利用分散式物件科技，在平台上運作，達到有效整合
不同的獨立應用系統。

Unit 1-27
電子化供應鏈管理之推動元件──科技標準

一、統一模式語言

統一模式語言（Unified Modeling Language, UML）是為解決重複發生之架構上的問題（例如，安全性、平衡負載量、系統容錯能力等）而出現。它是一種用來確定、顯示、建構、編寫軟體系統，並用來建構商業模式和其他非軟體系統的語言。UML 蒐集了許多大型且複雜系統運轉成功的最佳典範。

UML 使用了特定的模式塑造語言，並在核心模式塑造的概念中納入物件導向社群的支援。

二、安全性

安全編碼傳輸技術（Secure Socket Layer, SSL）利用公鑰加密技術（Public Key Crytography），讓使用者可在隱私權受到保護下互動。原則上，安全性包括幾個層面：授權、認證、隱私權及完整性。

(一)**公鑰基礎設施（PKI）**：是網路安全上的工具之一，它是利用標準化的交易組件，使用的是非對稱式的公鑰加密技術，可限制對數位資源的存取。公鑰的保密工作是由公證人、政府機關、可信賴等三者團體所管理。

(二)**數位認證**：數位認證是一種電子式身分證，在網際網路上交易時，用來證明的文件。它包括持卡人的姓名、字號、有效期限、當事人的公鑰複本以及數位簽名等。

(三)**數位簽名**：數位簽名是電子式簽名，係用於檢查訊息發送人或文件簽收人的身分。

三、工作流程科技

目前工作流程科技的涵義較為廣泛，在商業環境中，將工作流程嵌入不同應用系統中，對企業能帶來很重要的利益。對於 SCM 而言，它更需要對各個運作相容又具彈性的企業流程進行高階控制。

目前工作流程管理聯盟（Workflow Management Coalition, WFMC），正積極為工作流程系統業者制定運作相容性的標準。另外，簡易工作流程存取協定（Simple Workflow Access Protocol, SWAP）也正努力標準化工作流程導向的系統，使其能在大型網路（特別是網際網路）上與其他系統互動。

四、可擴充標示語言

可擴充標示語言（eXtensible Markup Language, XML）目前已成為所有電子應用系統必備的主要功能之一，它是一般性標示語言（Standard Generalized Markup Language, SGML）的一種，是由 W3C（World Wide Web Consortium）發展出來的，

用來確保相關資料可在網際網路上，以結構性的方式傳送交換。而且它提供更精確定義的資料，並使跨平台的搜尋變得更有意義。XML 受到重視的地方，是它的可擴充性，以及在不必撰寫一個全新的介面下，可以在不同的傳送通路顯示同一資料的能力。

電子化供應鏈管理之推動元件——科技標準

統一模式語言

為解決重複發生之架構上的問題（如安全性、平衡負載量、系統容錯能力等）而出現。它是一種用來確定、顯示、建構、編寫軟體系統，並用來建構商業模式和其他非軟體系統的語言。

安全性

安全性包括授權、認證、隱私權及完整性。
· 公鑰基礎設施
· 數位認證
· 數位簽名

工作流程科技

簡易工作流程存取協定：
目的是設法在不同工作流程系統和它們支持的應用系統間建立起運作相容性。

可擴充標示語言

是一般性標示語言的一種，用來確保相關資料可在網際網路上，以結構性的方式傳送交換。

Unit 1-28
供應鏈管理之電子化策略 (1)

一、SCM 之電子化策略

企業欲進行 SCM 之電子化，主要原因不外乎是總體因素或個體因素所致，例如，全球化的形成、產業競爭壓力的增加、客戶或供應商的要求、提升本身服務品質等。

(一)SCM 電子化之策略目標：若吾人未從策略目標思考為什麼要進行 SCM 電子化，而只是「人云亦云，人做亦做」，最終失敗的機會甚大。由於企業推動電子化的 SCM 必須投入之人力、物力極為龐大，故有必要清楚掌握企業 SCM 電子化的真正策略目標。

　　1.企業未來打算往什麼方向發展？

　　2.企業欲擬定的策略目標是否需立即解決？

　　3.電子化的工具對解決企業策略目標扮演何種角色？

(二)SCM 電子化的策略內容

　　1.各策略目標須擬出其執行的優先順序，企業資源有限，不可能同時執行。

　　2.各策略目標所牽涉的範圍有多大？對象有多少？例如，是否單純只是與供應商的關係，亦或將客戶包括在內？對象為全面的配銷商，或只包括都市內配銷商？

　　3.為達成此目標，企業打算投入多少資源與管理成本？這均會牽動企業的營運，不能不多加思索。

(三)SCM 電子化的推動者：SCM 電子化的工作，究竟由何人或何單位負責推動？又有哪些單位參與？若無法真正思考此項問題，則可能會造成推動工作雜亂無章而遭致失敗的命運。所以應考量下列問題：

　　1.執行此項策略內容可能與何部門關係最密切？

　　2.上述部門是否有主導者？

　　3.達成此項任務應由哪些部門及人員參與？

(四)SCM 電子化之推動時程：由於 SCM 電子化所牽涉的事項與部門非常廣泛，若無法使員工瞭解其重要性與時間性，有可能產生推動不易的挫折。若能清楚將各階段予以區隔，則企業上下較有目標與依循之方向。一般此項可考慮的問題如下：

　　1.每一個階段的起終時間和負責人。

　　2.每一個階段的主要工作內容與預期目標。

　　3.每一個階段完成後的評估工作。

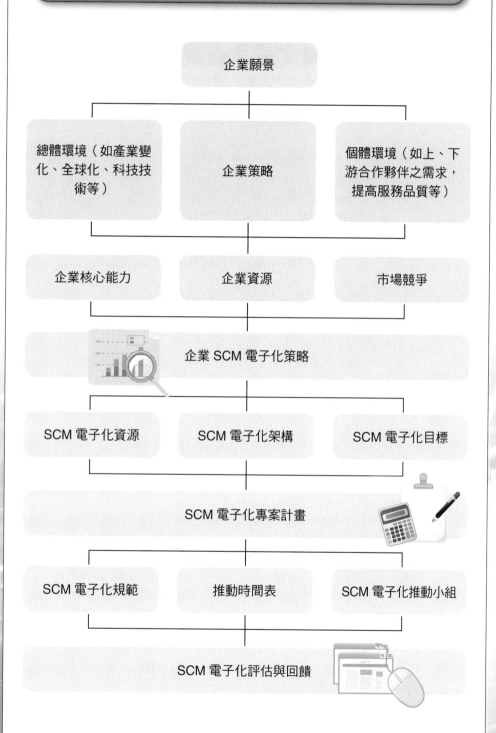

SCM 電子化策略規劃流程

```
                    企業願景

總體環境（如產業變     企業策略      個體環境（如上、下
化、全球化、科技技                   游合作夥伴之需求，
術等）                               提高服務品質等）

企業核心能力         企業資源        市場競爭

            企業 SCM 電子化策略

SCM 電子化資源    SCM 電子化架構    SCM 電子化目標

            SCM 電子化專案計畫

SCM 電子化規範    推動時間表       SCM 電子化推動小組

            SCM 電子化評估與回饋
```

Unit 1-29
供應鏈管理之電子化策略 (2)

(五)SCM 電子化之導入範圍與流程：此部分應考量的項目為：

1. 導入的範圍包括哪些部門或個人？
2. 牽涉 SCM 電子化的部門之原有作業流程與電子化後的流程比較。
3. 轉化過程，企業流程改變是否會牽動企業內其他部門？甚至影響上下游合作夥伴流程？
4. 應瞭解企業流程再造的推動步驟、可能使用之資源，以及預期效益。

(六)SCM 電子化之導入方法：企業在導入 SCM 電子化時，應先評估企業內部的問題，始能選擇採用何種導入方法。第一，企業內部是否具備 SCM 電子化導入經驗和知識的專業人才？即是否必須借助外力？多少外力？第二，SCM 電子化對企業的投入成本及時效上，是否符合經濟效益？因為企業均無太多的時間與資源可無限制浪費。

以下是企業導入 SCM 電子化常採用的方法：

1. 自行建置與推動 SCM 電子化的工作。
2. 向外界購置既有軟體或解決方案，最多進行局部的修改，以符合企業內部之需要。
3. 參與政府的電子化輔導專案（目前在台灣此項做法是值得考量的，一來可借助外部力量，二來又可由政府支援部分經費）。
4. 委託解決方案業者或專業顧問公司協助規劃與建置。

實務上，上述四種 SCM 電子化導入方法可交互使用，隨著導入的內容、時間、需求等因素之考量，可自行選擇有效的方法，甚至同時採用一種以上的做法。不過，應該特別注意各階段的連結與系統整合的問題。

二、SCM 電子化推動之原則

企業推動 SCM 電子化在依循其策略規劃流程運作之際，仍有許多根本性的問題應予以澄清，尤其是若能遵照有關的原則，將使面對的困難降至最低點。

SCM 電子化並非只是技術改革而已，其實包括更多重要基石，例如，組織文化再造與組織變革、企業流程再造、專案管理、協同管理等。這些項目才真正是 SCM 電子化過程最困難之處。

有效運用外部資源，以解決企業問題。由於 SCM 電子化牽涉的問題廣泛，除企業內部流程外，亦包括與上下游合作夥伴之間的互動。若能透過外部力量，較易克服內部其他部門或外部合作夥伴的質疑。

導入 SCM 電子化係為強化企業本身的核心能力，或是為因應客戶的需求，而非「大家都在做」，才能使 SCM 電子化成為具有效益的投資。

SCM 電子化並非只是技術改革，尚包括組織文化再造、企業流程再造等基石。

有效運用外部資源，以解決企業問題。

SCM 電子化推動之原則

係為強化企業本身的核心能力。

應逐步推動，切勿一次試圖全部完成。

知 識 補 充 站

個案：矽統公司 ERP 之導入

　　矽統公司是一家 IC 晶片設計公司，在面對 IC 產品生命週期短暫、產業變化快速的環境中，彈性及快速成為重要關鍵因素之一。一般而言，目前 IC 晶片之製造流程約為 45 至 60 天，而客戶下單卻只有 1 至 2 週交貨時間，在全球運籌及全球供應鏈的趨勢下，最佳的策略之一便是快速反應。

　　該公司導入 ERP 便是為解決上述相關問題。在思考使用關聯式資料管理系統（Relational Data Base Management System）及國外軟體的前提下，經評估後，選擇 Oracle 公司的應用套裝軟體，成為 Oracle 公司第一家國內客戶。

　　矽統公司導入 ERP 的原因之一在於作業流程太長，經導入 ERP 後，組織各單位的聯繫及合作更為靈活。而導入過程中，ERP 推動小組是以滿足內部顧客為導向，由於同仁能得到適當的回應，故阻力相對減少許多。另外，公司與 Oracle 公司合作良好，且與他們非常熟識，故溝通上快速許多。經過努力後，矽統公司目前各個階層管理者、使用者，都能取得即時正確的資訊。目前該公司正在推動 ERP 網路化。

Unit 1-30
SCM 電子化之工作項目與內部運作 (1)

一、SCM 電子化之工作項目

（一）**電子願景和電子策略之擬定**：一般而言，電子願景和電子策略係利用資訊之整理與分析，作為決策企業的整體策略和目標；它可為企業創造一個新的商業應用模式，並由商業應用模式指出策略性計畫所需之目標和優先順序。此項工作包括兩項基本元件，一是分析市場趨勢，以評估本身商業應用模式是否具備競爭力；二是找出財務模式。

（二）**電子流程之規劃**：此項工作主要在於檢視並決定哪一類流程可以支援企業所需之商業應用模式。由於流程模式包括實體單位、實用方案及流程定義所組成，所以必須一開始便充分瞭解。接著再與視覺模式塑造工具和企業資料倉儲、整合，藉以吸取過去優良經驗，並且加以修改後，配合新的 SCM 電子化應用系統。

（三）**電子應用系統之建置**：電子應用系統之建置即是設計應用系統模式，用以支援企業整體的商業模式和流程。此時，企業有必要利用應用系統工具規劃出更具體的應用系統設計（即是包括哪些模組、模組如何使用等）。最後，企業更需判斷所需的資料架構和資源，用來支援後勤功能的既有資料來源和應用系統。

（四）**電子應用系統架構之製造**：電子應用系統架構主要用來支援 SCM 應用系統的科技基礎設施的設計。此項工作不僅應全面性瞭解科技架構，並應確保它能真正滿足企業的需求。除此之外，電子應用系統架構亦需考量下列事情，包括應用系統和資料來源之整合、應用系統與後端軟體系統之整合、所有後端系統之整合。由於它不僅只考慮目前的狀況，而且也需針對未來平台擴充的能力加以評估。同時必須找出建立平台所需的商業和科技元件，並應考量如何利用應用系統以取得網路資源、可能利用的網路基礎設施、應用系統所需的資料來源類型和儲存地點。最後，它還包括和應用系統有關的所有事項，例如，商業知識、硬體設備、人力資源、支援應用系統所需之資料等。

（五）**電子資料庫之建立**：電子資料庫之建立即是 SCM 架構發展的中樞神經系統，並將資訊分配給所需單位。而其最重要的元件，便是商業和科技倉儲與視覺模式塑造工具的整合。

(六)e-ROI 與電子估算：雖然 e-ROI 和電子估算並非 SCM 電子化之項目，但卻是策略性的重要工具。e-ROI 是預測並追蹤投資案的財務報酬，而電子估算範圍較廣泛，它是用來估算公司所受到的衝擊。e-ROI 和電子估算工具可以檢視與流程成本有關的詳細資料，亦可評估各式各樣的資產和計量標準。e-ROI 和電子估算的平衡計分卡，係利用許多財務和非財務的計量標準來評估成功與否的一套估算方法。

SCM 電子化之工作項目

1. 電子願景和電子策略之擬定

2. 電子流程之規劃

3. 電子應用系統之建置

4. 電子應用系統架構之製造

5. 電子資料庫之建立

6. e-ROI 與電子估算

Unit 1-31
SCM 電子化之工作項目與內部運作 (2)

二、SCM 電子化架構下內部運作之轉變

(一) 組織架構之整合：SCM 電子化架構的一個新趨勢是組織架構將進行全面式的整合，因為它利用新的科技與管理工具，將組織同時進行水平和垂直整合，創造出一個新的組織架構。未來的組織趨勢是高度流動組織，由許多小組組織，它們會依業務之需而進行動態式調整，任務結束後，又由不同成員組成另一個專案小組。

(二) 延伸式企業關係：延伸式企業關係指出未來企業之 SCM 電子化架構下運作，是將組織外的合作夥伴納入企業運作體系之內，使合作夥伴以互補角色進入企業內的組織架構。也就是它不是以單一企業體在運作，而是以企業網路的形式進行營運之思考與執行。

在此緊密的關係下，企業 SCM 電子化架構在運作中仍應注意不可太過依賴對方，以免本身個別回應市場能力喪失。另外，企業應多重視個別產品線之差異性，以免發生產品不具差異化，而被市場拒絕。企業應由中階主管層面與合作夥伴進行更多接觸，因為他們瞭解實際產品與市場狀況，如此才能使組織真正享受與外部合作夥伴合作的策略性優勢。

(三) 領導者與管理者的角色和責任：SCM 是電子化架構下的一種新組織，因此，企業的領導者與管理者的角色和責任必須隨之調整；也就是必須推動企業組織與外部合作夥伴之合作，但同時追求個別企業之利益。所以，他們最重要的工作是平衡水平與垂直運作之衝突，並針對個性化和標準化進行整合。

(四) 委外之選擇：由於 SCM 電子化架構之建置可能是內部自行負責，亦可能是外包專業顧問公司，但最合適的方式是委由合作夥伴辦理（但這不表示沒有外部顧問或內部顧問的參與）。因為 SCM 電子架構下之企業體是延伸性組織模式，所以，委外給合作夥伴，有利於與合作夥伴建立更長久關係，雙方共同負擔其成敗，並能根據各自的核心能力進行授權。

(五) 員工管理：在一個新組織架構下，員工的管理將隨之改變，必須採全面激勵員工的方式，並建立員工責任的明確概念及做法。因為在 SCM 電子化架構下的員工薪資，主要係依據員工對企業整體策略性目標的貢獻而定。

(六)授權：SCM電子化架構下的組織係以垂直式組織管理員工，並鼓勵不同部門的員工協力合作的水平式整合，且在兩者之間取得平衡。所以，管理人員必須授權個別知識型員工，讓他們承擔決策的任務（這些決策通常由中階主管制定）；另外，增加對員工授權及放寬控制程度，將使員工更能主動走向顧客導向。

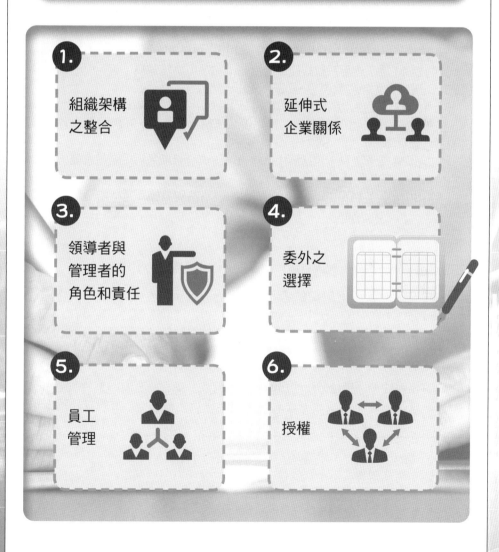

SCM 電子化之內部運作

1. 組織架構之整合

2. 延伸式企業關係

3. 領導者與管理者的角色和責任

4. 委外之選擇

5. 員工管理

6. 授權

Unit 1-32
SCM 電子化架構 (1)

一、SCM 電子化架構之簡介

(一) **SCM 電子商業模式**：根據目標市場與顧客分析、財務模式、所有權、資源分析、自動化策略、資源優先順序等資訊，制定 SCM 的企業營運模式。

(二) **SCM 電子流程模式**：這是一種跨組織流程的運作模式，是由企業實體、可使用方案、跨組織流程、可再利用的企業流程及商業元件組成。

(三) **SCM 電子應用系統模式**：這是從設計觀點來制定的實際應用系統。標準的 SCM 電子應用系統模式包括詳細的電子應用系統定義、應用系統規格、商業規範、使用者介面模式，以及可再利用功能和應用系統元件。

(四) **SCM 電子應用系統規範**：運用商業和應用系統邏輯、規範引擎、應用系統架構、元件軟體等，以管理最終應用系統。

(五) **SCM 電子應用系統配置與整合**：利用應用系統伺服器、分散式物件架構、科技元件、中介軟體與企業應用系統整合軟體等，在網路上配置應用系統資源。

(六) **SCM 電子資料**：包括應用系統資料、資料管理系統、資料倉儲、既有資料及 ERP 的資料倉儲。

(七) **SCM 電子網路**：即是 SCM 平台的網路基礎設施，包括安全解決方案、加密（encryption）、連結工具（connectivity tools）、網路操作系統，以及系統分析與管理工具等所組成。

　　SCM 電子化架構是將不同觀點加以融合，在商業和科技系統之間取得一個整合性的應用系統，供作管理人員與科技資訊人員共同運作的平台。

二、建立 SCM 電子化架構的考量因素

(一) **彈性**：在商業系統中的彈性，係指可以迅速回應顧客、競爭者、新科技等變動。科技方面的彈性則為採用新標準的能力及放棄舊有不合時宜系統的能力，其重要關鍵點在於各個獨立應用系統之間共享其資訊和資源。

(二) **相容性**：係指企業所使用的資訊設備或系統均能有效的整合在一起。也就是，SCM 電子化架構能夠將 ERP 系統、舊有的專屬電腦系統、關聯式資料庫管理系統、客戶操作系統、伺服器平台等，均納入系統架構中。

(三) **所有權**：SCM 電子化架構是相關的各方，必須建立一套共享責任的所有權的系統機制，才能確保雙方不至於產生衝突。

(四) **可再利用資產**：企業的電子應用系統讓所有單位共享共同經驗知識和元件，如資料倉儲是公司知識管理系統的延伸。

(五) **彈性規模**：SCM 電子化架構必須要很容易擴充其規模，以因應新的規模和使用需求。

(六) **週期**：SCM 電子化架構必須是一套不斷進行發展流程的系統，如此在應用系統不必大幅修改的情況下，員工可縮短對新系統的適應期間。

SCM 電子化架構

SCM 電子商業模式

SCM 電子流程模式

SCM 電子應用系統模式

SCM 電子應用系統規範

SCM 電子網路

SCM 電子資料

SCM 電子應用系統配置與整合

Unit **1-33**
SCM 電子化架構 (2)

三、前置性商業與科技元件

商業與科技元件是一種在特定而公開的介面上提供服務的軟體，它雖不能獨立運作，但若將其數個元件加以組裝，即可創造出各種不同的應用系統。

(一) **從頭開始建立元件倉儲**：從頭開始建立元件倉儲是一種非常辛苦的任務，企業必須投入大量的資金與時間，而且發展人員必須不斷的學習新技術，在沒有太多選擇之下，從頭開始建立元件是一種不得已的做法。隨著標準化、開放式介面普遍被發展人員接受的情形下，購買及裝配適合的前置的商業特定元件則常被採用。

(二) **購買及裝配前置的商業特定元件**：將商業特定元件組裝成應用系統，可節省企業的時間和成本，也較能確保電子應用系統符合特定的商業規範，進而建立獨特的競爭優勢。此種做法不僅節省科技細節的發展，使開發人員專心於應用系統邏輯和複雜新功能之關係，進而增加獨特價值；而且各種元件組裝完成的新的應用系統，可以使軟體運轉部門專注在商業目標上，不必注意新系統的科技障礙，同時元件的組裝亦可使企業混合搭配各家供應商最好的服務和應用系統。

四、遵守產業標準

企業在建立供應鏈電子化應用系統時，必須建立一套用來分享資訊、進行交易並且制定企業流程的開放式標準。目前世界上有五個制定電子產業標準最著名的機構，簡述如下：

(一) **Commerce Net**：會員包括銀行業、VAN 業者、ISP 業者、提供軟體和服務的公司、重要的終端使用者。它對電子商務最重要的影響是帶頭發展標準，並克服科技與相容性的問題。其最具影響力且最重要的方案，是為金融業提供電子商業解決方案，如安全電子交易系統（Secure Electronic Transaction, SET）、數位認證（Digital Certificate）、智慧卡（Smart Card）等。

(二) **Rosetta Net**：致力於推動不同語言之間的互評。它的首要目標是使企業能透過一套業者普遍使用的電子商業運作相容性標準，以交換商務資訊。同時也致力於在網際網路上交換商業資料，並且整合跨組織流程。

(三) **Open Buying Initiative**：OBI 是另一個追求標準化電子商業流程的組織，只投注在網際網路上的 B2B 交易。OBI 專注於企業採購流程自動化，並將之分為請購、審核、下單、付款四個階段。

(四) **Open Financial Exchange**：OFX 致力於消費者、廠商與金融機構三者間，制定財務資訊的電子交換標準。它是利用 EDI 交換資訊的方式，使消費者和中小企業能彼此交換資訊，後來加入大型金融機構經紀商及科技解決方案供應商後，以擴大其標準。

(五)Internet Content and Exchange：Internet Content and Exchange（ICE）係致力於為各種組織提供在網際網路上進行交換、供應、升級及控管資料的標準。溝通協定用於交換資料而非資訊，它用來分享各種格式的商業資訊。

前置性商業與科技元件

1. 從頭開始建立元件倉儲

2. 購買及裝配前置的商業特定元件

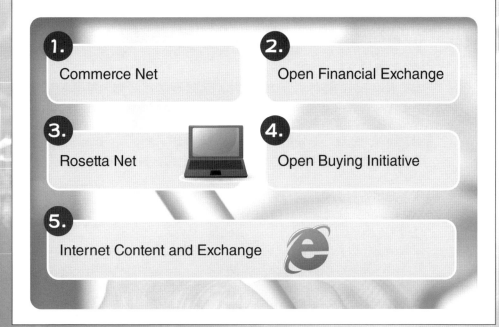

遵守產業標準

1. Commerce Net

2. Open Financial Exchange

3. Rosetta Net

4. Open Buying Initiative

5. Internet Content and Exchange

Unit **1-34**
供應鏈管理之電子應用系統模式

一、SCM 電子應用系統模式

(一) **電子交易市集**：電子交易市集是可以一對一或一對多或多對多的互動型態，使得企業在複合式與交叉銷售的環境中，為顧客提供完善的解決方案。在複合式產業中，延伸銷售和交叉銷售，係指延伸企業本身的產品線或與其周邊產品或服務的供應商結盟，並將其產品或服務納入虛擬市集之內。

電子交易市集有四項重要的工作項目，包括：產品目錄的彙整與設計、複雜交易系統之支援活動、整合現有企業系統、支援各種付款方式。

(二) **供應管理**：企業常利用電子化的應用系統，簡化與其直接生產或間接生產等產品或服務有關之交易流程。

(三) **延伸性價值鏈管理**：延伸性價值鏈的概念在於整合企業價值鏈之各環節，以在協同式的商務環境中作業。延伸性價值鏈電子應用系統主要目標在於與供應商、買方合作夥伴等分享營運資訊，能即時得到供應規劃、需求規劃、生產規劃，甚至物流規劃。

延伸式價值鏈應用系統最大優點在於其整合能力，它使得供應商與供應商的供應商，客戶與客戶的客戶，所有供應鏈上的資料整合成供應決策的單一資料庫。

大部分延伸性價值鏈應用系統中，至少都會包括下列四項重要任務：需求規劃、供應規劃、物流管理、生產規劃與執行。

(四) **客戶關係管理**：客戶關係管理不僅能提供個性化的產品，更應將客戶的需求有效予以回應。客戶關係管理必須有效蒐集企業與客戶的相關資訊，進而瞭解其需要。

二、SCM 電子應用系統的成功要素

(一) **電子應用系統的彈性**：企業面對其客戶或供應商的改變，電子應用系統應必須能因應環境變遷、支援最新的開放標準、不影響原有系統運作、容易汰換不適用元件等條件。

(二) **供應鏈溝通問題**：係指供應鏈中因涉及供應商、客戶、企業合作夥伴等，這些流程連結各個不同管理架構、目標和組織，應以有效溝通方式克服此問題。

(三) **電子應用系統與資訊之整合**：供應鏈中的每一位成員必須採用 XML 和 EDI 等開放式標準，且應採 SET 等網絡安全規定，才能使其整合的可行性提高。

(四) **流程創造、改善與整合**：流程創造、改善與整合均有助於企業流程的改變，以因應供應鏈電子應用系統發展之需，甚至配合新應用系統元件之設計。

(五) **真正負責人**：SCM 電子應用系統若不由具真正決策權的高階領導者直接負責，其結果常是失敗的。

SCM 電子應用系統模式

電子交易市集

- 產品目錄的彙整與設計
- 複雜交易系統之支援活動
- 整合現有企業系統
- 支援各種付款方式

供應管理

運用競價與詢價方式交易，與可能的供應商議價，並尋找能提供長期利益的供應商。

延伸性價值鏈管理

- 需求規劃
- 供應規劃
- 物流管理
- 生產規劃與執行

客戶關係管理

必須蒐集企業與客戶的相關資訊，進而瞭解其需要。

SCM 電子應用系統的成功要素

- 電子應用系統的彈性
- 供應鏈溝通問題
- 電子應用系統與資訊之整合
- 流程創造、改善與整合
- 真正負責人

Unit 1-35
SCM 推動之基石 (1) ──企業流程再造

一、流程設計步驟

流程設計是企業流程再造中最重要的階段,它會影響組織與資訊系統。

(一)**確定流程現況**:確定的項目包括:流程所有人、流程的目的、流程客戶、績效指標、問題及需求、流程範圍及相關流程。

(二)**檢討流程結構**:檢視流程中各活動的關係,思考是否有改善之機會,並討論解決方案的方法。有無重複可刪除之活動?是否有可合併之活動?可否改為平行作業?流程處理單位是否太多?

(三)**檢視流程各活動間之責任歸屬**:1.流程中各活動之責任是否明確?2.責任分配是否合理?3.是否應改變流程中某些活動的責任,以提高流程績效?

(四)**檢討流程指標**:檢討流程中所有活動績效與流程之評估指標是否一致?

(五)**檢討瓶頸點**:檢討流程中各個別活動,是否會對流程績效產生影響?是否會成為瓶頸點?解決方案及資訊技術應用如何做?

(六)**檢討資訊需求**:1.檢討流程中各活動的資訊需求,列出其資訊需求、資訊來源、運送方式、儲存放置及儲存方式。2.檢討資訊應用效率。

(七)**簡化流程**:將複雜的流程轉為較簡單的流程,以提高效率。

(八)**檢討流程範圍**:檢討原有流程範圍是否合理?是否應包括其他流程之活動?是否將部分活動移至其他流程?或與其他流程合併?

(九)**確定新流程**:指出一條新流程,並且新流程之基本資料予以完成。

二、組織設計

組織設計係依據新流程為基礎,其作業內容如下:

(一)**確定工作內容**:依據新流程,以定義出新流程之各項工作內容。

(二)**定義工作技術及人員需求**:1.確定各項工作所需之技術,並找出工作與所需技術之間的關係;2.定義人員層次與工作量的關係。

(三)**組織流程工作小組**:1.確認流程所有人,各流程負責人最好已參與流程之評估與設計工作;2.確定工作小組成員及其未來發展;3.指定工作小組之主管單位及直屬長官。

(四)**確定工作改變的內容**:1.找出員工現在工作與新工作的不同,並指出由舊流程至新流程的可行方式;2.比較新舊組織,並提出移轉的可行性方式。

(五)**階段性轉變**:為使組織型態順利轉變,有必要分階段實施,以使員工能逐漸適用新流程與新組織架構。

(六)**設法減少阻力**:找出利害關係人及其問題,並找到抗拒的可能原因,且消除抗拒改革的可行方案。

(七)**建立獎勵制度**:1.瞭解員工個人、組織與流程目標之差距;2.分析轉型的誘因及其強度;3.找到繼續改善的誘因;4.訂定獎勵制度。

企業流程再造之設計

流程設計

1. 確定流程現況

2. 檢討流程結構

3. 檢視流程各活動間之責任歸屬

4. 檢討流程指標

5. 檢討瓶頸點

6. 檢討資訊需求

7. 簡化流程

8. 檢討流程範圍

9. 確定新流程

組織設計

1. 確定工作內容

2. 定義工作技術及人員需求

3. 組織流程工作小組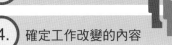

4. 確定工作改變的內容

5. 階段性轉變

6. 設法減少阻力

7. 建立獎勵制度

Unit 1-36
SCM 推動之基石 (2) ──供應鏈績效評估

本書以平衡計分卡（Balanced Score Card, BSC）作為供應鏈績效評估的工具。

一、平衡計分卡之導入

(一) 第一階段：內外在環境之分析

企業在推動平衡計分卡計畫之前，應對內外在環境進行評估。

(二) 第二階段：願景之塑造

企業內部高層應依據願景制定其企業的策略目標。

(三) 第三階段：界定衡量架構

即工作 1：挑選適當組織單位；工作 2：判別事業單位與總公司的連結關係。

(四) 第四階段：建立對於策略目標之共識

1. 工作 3：進行第一次的訪問：主要工作是設法建立各高階主管對策略目標的共識，將各主管的意見廣泛地予以蒐集與整合，並對於不同的意見能採取異中求同的採納方式，以儘量取得各單位主管的認同及支持。

2. 工作 4：綜合會議：此階段的工作主要係將各單位所提出之策略目標，根據專案團隊的經驗判斷及客觀的外部顧問之協助，提出可行的策略目標。

3. 工作 5：階段檢討會：此階段重點在公司願景與策略目標的修正，以及各主管之策略目標看法是否一致。

(五) 第五階段：挑選及設計量度（績效衡量指標）

1. 工作 6：子團隊會議：此階段是由各主管確認之策略目標發展出績效衡量指標，以作為經營團體判斷經營績效的具體證明。

2. 工作 7：階段檢討會：此階段的檢討會著重於各構面之策略目標是否可以被具體衡量、各績效指標資料是否能即時、正確取得。

(六) 第六階段：制定實施計畫

1. 工作 8：發展執行計畫：各部門負責執行平衡計分卡專案的負責人，應根據部門所接到的策略目標與績效衡量指標，將之轉換為部門具體可行的行動方案。

2. 工作 9：前一階段檢討會：此階段工作的重點是由各單位專案負責人進行確認工作，瞭解是否已達到前述的任務需求。

3. 工作 10：完成實行計畫：績效衡量指標選定並導入系統。

二、SCM 之績效評估

SCM 績效評估上所使用之指標，說明如下：

（一）**財務構面**：包括市場的營收成長率、已收到之訂單金額、市場占有率、研發金額、投資報酬率、營運資金比率。

（二）**顧客構面**：包括顧客滿意度、顧客抱怨數、顧客再購買率、新顧客的吸引率。

（三）**內部流程構面**：包括退貨率、準時送貨率、生產排程、流程所節省的金額。

（四）**學習與成長構面**：包括員工滿意度、員工流動率、員工生產力、員工創意數。

平衡計分卡之簡介

財務構面	顧客構面	企業內部流程構面	學習與成長構面

平衡計分卡之導入

1. 內外在環境之分析

2. 願景之塑造

3. 界定衡量架構

4. 建立對於策略目標之共識

5. 挑選及設計量度（績效衡量指標）

6. 制定實施計畫

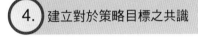

SCM 之績效評估

財務構面：包括市場占有率等

顧客構面：包括顧客滿意度等

內部流程構面：包括退貨率等

學習與成長構面：包括員工生產力等

Unit **1-37**
個案：阿里巴巴給中國大陸物流帶來的可能發展方向

一、推動快遞服務轉型升級

電子商務的發展，為物流業發展帶來機會，尤其是快遞公司擔任電子商務企業和消費者之間的橋樑，當阿里巴巴上市時，將對其物流合作夥伴帶來機會。

二、開創跨境電子商務企業之物流新格局

中海集團擁有遍布全球的運輸網絡和碼頭倉儲資源，與阿里巴巴攜手在跨境電子商務物流方面合作，互得其利。

三、推動倉儲市場網路化發展

2013 年 5 月，阿里巴巴集團、銀泰集團聯合復星集團、富春集團、順豐等，共同在深圳宣布成立菜鳥網絡科技有限公司，整合多方物流資源。

四、推動物流資訊化等智慧化應用

2012 年 11 月，浙江國家交通運輸物流公共資訊平台與阿里巴巴物流平台進行合作，成為中國大陸最大的公共、開放和共享性的物流資訊平台。

五、提升現代物流設備

阿里巴巴上市後，將會把更多的資金加速布局遍布全中國大陸的開放式物流基礎設施，讓全中國城市的包裹能在 24 小時內送貨到達指定地。

六、有利於推動物流標準化的建立

2006 年底，阿里巴巴集團就與中國郵政系統簽訂合作協議，在電子商務流、資訊流、資金流、物流等層面達成策略合作夥伴關係。阿里巴巴建立菜鳥網路，整合更多物流資源，形成統一的物流服務體系，對於中國大陸物流標準化建設有著更深遠的影響。

七、協助推動供應鏈金融網路化

阿里巴巴的金融業務所採取的模式更加系統化、技術化。阿里巴巴開發微型貸款技術，引進網路方式，進行系統化的運作，用技術代替人工。

八、加速專業物流人才培養

阿里巴巴聯合順豐、三通一達等組建菜鳥網路，主要原因是出於滿足自身物流需求，特別是專業型物流人才需求的考量。

九、阿里巴巴創業者基金將投資更多資金在物流市場

阿里巴巴集團規劃在 2020 年前，在物流和相關領域將投資 160 億美元。

十、阿里巴巴推動航空貨運發展

全國快遞量最大的淘寶網產生更多航空貨運需求，推動航空貨運業發展。

問題

阿里巴巴 IPO 的上市，勢必給中國大陸物流帶來極大的影響。請問文中所提之十個可能發展方向，您是否有相同看法，試論之。

資料來源：現代物流報，阿里巴巴 IPO 給中國物流帶來的十個猜想，2014.09.23。

個案情境分析

阿里巴巴給中國大陸物流帶來的影響

· 推動快遞服務轉型升級

· 開創跨境電子商務企業之物流新格局

· 推動倉儲市場網路化發展

· 推動物流資訊化等智慧化應用

· 提升現代物流設備

· 有利於推動物流標準化的建立

· 協助推動供應鏈金融網路化

· 加速專業物流人才培養

· 投資更多資金在物流市場

· 推動航空貨運發展

問題重點提要

阿里巴巴 IPO 在美上市 → 對中國大陸物流帶來極大影響 → 試問您對文中所提十個可能影響，有何看法？

Unit 1-38
個案：從華為談中國大陸企業供應鏈管理面臨的問題

　　在中國大陸本土企業中，華為的供應鏈管理工作是做得最好的公司之一。1997年到2005年，華為全面導入IBM的管理方式，集中在兩大主要流程上，其中一項就是整合供應鏈，華為的供應鏈基礎設施是以高利潤、高成本、但快速回應的通信設備作為基礎。在過去十年，華為業務的多元化，使單一的供應鏈已經難以適應不同業務的需求。為適應這些新業務所訂定的各種制度，不斷修正供應鏈，結果是整個流程和系統更複雜、更低效率。這是華為供應鏈所面臨的問題。

　　和華為相比，中國大陸本土大部分企業在供應鏈管理的能力就更為落後。這些企業都是產業中的佼佼者，有的企業在研發方面有一流的海外團隊，產品設計水準高，出口到世界主要市場。但在供應鏈管理方面，有的公司連ERP都沒有，每年百億元的生意，幾十億元的採購額，主要仍在Excel上完成；有的雖具備ERP系統，卻缺乏物料需求計畫（MRP）功能，無法有效確定採購量。

　　這些企業供應鏈管理的解決方案，可以從三個方面著手：

　　第一，前端要控制產品和訂單的複雜度。企業不是任何訂單都接，不是任何生意都做。一家幾億元規模的製造業有數千個產品，料號有幾萬個最終產品，規模效益差，造成後端供應鏈管理的挑戰。這是中國大陸本土企業產品線高度複雜的一個縮影。有的產業本來就是需要產品的多樣性，以符合客戶各種各樣的需求，因此，產品的複雜度更高。但是不能因為客戶的多樣化需求，就忽視產品的複雜度控制。產品複雜度直接造成組織和流程複雜度的提高，也直接推動成本上升。摩托羅拉的前首席採購官特蕾莎 · 梅提表示，公司若能有效控制複雜度，公司便更有可能生存。企業降低成本要從降低產品、流程和組織的複雜度著手。

　　第二，後端要整合供應商，並改善供應商管理體系。蘋果公司兩千億美金的業務，主要供應商只有一百五十多個。更重要是採購分散，企業的議價能力下降，無法引起供應商的重視，導致不斷產生訂單的交貨、品質和服務等問題。這主要是供應商選擇不當的結果，造成供應商問題無法解決，訂單處理困難。

　　第三，改善規劃部門和規劃流程，並加以有效執行。很多中國大陸本土企業重視執行、輕忽規劃，規劃部門很弱，系統與流程不健全，人員配置不當，方法單一，無法滿足業務的需要。例如，產品配置複雜、需求變動大、批量較小的行業，企業必須根據不同產品特性進行規劃。

問題

在過去的二、三十年裡，華為進行很多投資，為適應新業務所制定的制度，迫使華為不斷修正其供應鏈；而其他中國大陸本土企業在供應鏈管理面臨不同問題，請問兩者應該如何分別調整其供應鏈，試論之。

資料來源：萬聯網，從華為談供應鏈運營的短板，2014.07.29。

個案情境說明

華為公司基於業務的擴增,不斷訂定新制度,造成一直修正其供應鏈,不利於供應鏈的管理。

中國其他本土企業在供應鏈管理上,面臨更多的困境,例如,缺乏完整資訊系統、有效供應鏈管理制度等。

可行解決方案

前端要控制產品和訂單的複雜度

後端要整合供應商,並改善供應商管理體系

改善規劃部門和規劃流程,並加以有效執行

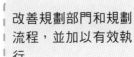

問題重點提要

華為為適應新制度,不斷修正其供應鏈

中國大陸本土企業在供應鏈面臨不同問題

兩者如何分別調整其供應鏈?

Unit 1-39
個案：3D 列印對供應鏈的影響

　　2013 年，位於日本埼玉縣和光市的本田汽車研發中心開闢 3D 印表機的應用創作空間，目的在於激發設計師的創意和造型能力。透過自由的創作活動，開發出競爭對手沒有的新商品和新技術。

　　現在已經有企業在籌劃實施「無物流」的開發。最近開始大力發展家電業務的愛麗思歐雅瑪，以塑膠成型製品為主要業務，該公司派員赴日本接受 3D 印表機的培訓，其目的為實現無物流、中日同步開發的作業流程，以期達成企業縮短開發週期。該公司的開發基地位於宮城縣角田市，最大的生產基地在大連。過去在設計、開發商品時，試製品都要在日本與中國間轉上一圈。2014 年則在大連工廠內設置 3D 印表機，取消開發中的物流環節。日本和大連的兩個基地分別使用 3D 印表機進行試製，透過電視會議討論改進，節省試製品往返兩國之間的物流成本與時間，並減少運輸滯留風險，進而縮短開發期，更快提出新商品。

　　世界各大企業展開推動「量身訂製」的經濟模式，透過提供符合個人偏好的唯一產品，提升產品附加價值，創造出這種新模式的武器便是 3D 印表機。

　　現有企業需要在自己的業務模式中，融入這些「大眾智慧」。美國亞馬遜推出「3D Printing Store」的目的，係為透過提供連接創造者和消費者的平台，掌握新的商流。

　　以量身訂製模式尋找出路的不只是美國，德國也提出名為「工業 4.0」（Industry 4.0）的國家計畫，其宗旨是利用網際網路和感測器，在最佳的時間點生產最佳的產品。該項國家計畫目的是使專家的隱性知識外在化，提高整個國家的技術水準。

　　日本開發 3D 印表機的國家計畫也已經成立。從裝置、材料企業到大型車企，項目約有 30 家企業參與，宗旨是開發出高速、高精度的金屬和砂輪用 3D 印表機。統籌國家計畫的近畿大學工學部教授京極秀樹表示，試製機將在 2015 年完成，如果不在三年內開發完成，就無法挽回落後的局面。3D 印表機振興協議會的代表早野誠治指出：「更重要的是，它能否創造出新的應用（用途）和業務模式。」

　　3D 印表機不僅影響到開發、製造等製造業的現場，還為眾多行業和職業帶來變化，顛覆製造業與消費者的關係，同時也推動企業內部業務流程的變革。也就是說，在 3D 印表機中，隱藏著從根本上改變產業結構的潛力。從價值鏈上游的規劃、行銷到開發、製造，以及下游的銷售、售後服務，3D 印表機的出現讓每一個環節都出現機會與威脅。

問題

3D 印表機掀起的變革不僅僅停留在製造現場。從規劃到銷售，3D 印表機都有可能顛覆現有的商務模式。您認為 3D 印表機未來因製造方式與服務型態不同於過去，將可能對供應鏈產生哪些影響？試論之。

資料來源：佐藤浩實、田中深一郎、白壁達久，不只製造業受影響，物流業也將因 3D 印表機損失訂單？《日經商務週刊》（日經科技報），2014.10.02。

個案情境說明

美、日、德等國企業已展開改變大量生產經濟模式的做法，如亞馬遜推出「3D Printing Store」等。

美、日、德等國家已提出相關大型的 3D 列印發展計畫，如德國的「工業 4.0」。

日本更認為在 2015 年以前未能完成 3D 列印開發計畫，可能會失去競爭優勢。尤其它是否能創造出新用途和業務模式。

問題重點提要

3D 印表機從規劃到銷售，都已改變現有商務模式。

3D 印表機因製造方式與服務型態不同於過去，對供應鏈可能產生哪些影響？

Unit 1-40
個案：星巴克供應鏈管理

　　星巴克公司的供應鏈包括三種通路：特殊通路、直銷通路和零售通路。特殊通路為航空公司和別家零售店，直銷通路處理郵購業務，零售通路則為自己的店舖和合資店舖服務。星巴克公司採用集中的供應鏈運作模式同時支持這三個通路。

　　同時，星巴克公司採用庫存生產模式，隨著模組化設計的興起，生產逐漸變成在特定場所進行的組裝，包括裝配、包裝及貼標籤等活動；其供應鏈利益包括：第一，有利於企業實現供應與需求的有效銜接，提高快速反應能力。第二，有利於企業實現精確管理、降低成本，提高資源利用率。第三，有利於企業提高管理能力。第四，有利於企業加快資金週轉。第五，有利於企業改進交付可靠性，縮短交付時間，提高服務品質。第六，有利於企業成為受歡迎的業務夥伴。

　　在全球環境變遷下，星巴克面臨銷售量下滑、營運成本上升的壓力。以美國本土為例，供應鏈營運成本從以往每年約 7,500 萬美元增加到 8,250 萬美元，但是營收卻比同時期下滑 10%，他們的供應鏈必須進行改革。主要原因係來自星巴克的策略，為全球快速展店，必須與當地物流服務供應商合作，不易兼顧供應鏈最佳化。

　　星巴克的供應鏈改革都是從瞭解現況開始，經過分析後，發現物流成本中，有高達 60 ～ 70% 的「物流外包」成本，造成物流成本快速上升，特別是外包的供應商愈多，配送的單價不斷上升，也失去了物流主導權，造成被委外供應商控制。

　　為解決這個問題，首先，星巴克重組其「供應鏈」部門，並且讓各部門更清楚其工作執掌。也就是只要牽涉「規劃」活動的人，包括採購規劃、配送規劃、需求預測規劃等，都納入單一規劃部門。其次，將採購部門再劃分出咖啡類與非咖啡類兩個單位。牽涉生產部門，都納編到生產部；關於物流、倉儲、配送的人力，則全部納編到配送部門。並使一個烘焙廠僅負責其周邊一定距離的店面，縮短配送距離後，配送的可靠度自然會增加。

　　為了評估供應商，星巴克對供應商實施完整的評估系統。資訊系統的設計簡單，因此可精準地評估每家供應商的績效，並作為後續議約的參考。其次則是解決配送到店不準時的問題，同時也要降低物流成本，具體的做法就是透過與供應商的合約談判，減少委外供應商的數量。

　　星巴克重視「永續發展」，也就是其供應鏈管理已經進展到供應鏈的社會面，包括咖啡農的福利、土地利用、水資源管理等供應鏈上游。在下游方面，自 2015 年起，所有的外帶杯全部都要達到「回收」、「再生」的目標，這給星巴克帶來另一個「逆物流」的問題。

　　為使供應鏈達到全面管理，從源頭問題到末端問題，均直接從根本解決問題，例如，提升咖啡農的福利、協助咖啡農進行農作記錄、生產履歷追溯、協助消費者解決廢棄咖啡杯的問題，有助於產生更多創新供應鏈，以及降低成本的新方法。

問題

星巴克公司供應鏈隨全球環境變遷而不斷修正其管理方式，請簡略說明其做法，並予以評論之。

資料來源：1. 互聯網，星巴克供應鏈管理淺析， 2010.07.07。
2. 現代物流，星巴克的供應鏈改革之路，2014.02.10。

個案情境說明

星巴克公司的供應鏈包括特殊通路、直銷通路和零售通路，並採用庫存生產模式，故其供應鏈具有實現供應與需求有效銜接等六項利益。

⬇

供應鏈因在全球快速展店，必須與當地物流供應商合作，造成未能達到最佳化。

⬇

解決方法：重視供應鏈部門；採購部門劃分為咖啡類與非咖啡類運作；並建立供應商評估系統。

⬇

重視永續發展；供應鏈發展到供應鏈上游的咖啡農福利等；與下游的外帶杯之回收、再生的做法。

問題重點提要

星巴克供應鏈隨全球環境變遷而不斷修正其管理方式

⬇

說明其做法，並加以評論。

Unit 1-41
個案：高露潔的供應鏈系統

高露潔公司 (Colgate-Palmolive) 是一家全球性消費品公司，產品種類多，產品銷售達 200 多個國家。為綜合管理其供應鏈客戶，該公司於 1999 年 11 月建立高露潔全球供應鏈管理系統。透過核心 SAPR/3 解決方案，建構全球供應鏈管理，改善對零售商和客戶的服務，減少庫存，提高利潤。高露潔公司在 SAP 企業管理解決方案基礎上，建立 mySAP 供應鏈管理 (mySAPSCM)。採用 SAP 系統，並推動高露潔公司內部所有產品命名、配方、原材料、生產數據及流程、金融資訊等之標準化。

一、聚焦供應鏈

在該系統中，高露潔確定三個主要的供應鏈戰略。首先，推出 VMI 項目，大幅縮減通路的庫存和循環時間。其次，實施跨邊界資源計畫，將地域性模式改為全球性模式。最後，實施一個與下游企業的協同計畫程序，用以管理供應鏈中之市場需求和協調工作。

二、實現全球化資源運用

高露潔跨地域資源運用系統（CBS）將需求和全球資源之資訊加以整合，改月預測為每週定貨補充。CBS 商業控制程序由 mySAPSCM 支援，根據每日需求信號和庫存量，對補貨訂單進行預估，以使供需更為一致，並適應特殊訂單要求。

三、需求規劃

高露潔（美國）採用的 mySAP.com 需求規劃系統的功能和 mySAPSCM 的協同引擎，達到向供應商傳達公司需求資訊目的，並在供應鏈網絡中提出協調計畫。

四、績效確認

高露潔供應鏈戰略的三個主要組成部分由 mySAP.com 的即時整合模式負責，其股票、訂單和其他市場指數都能即時在顧客、企業內部 ERP 系統和 mySAPSCM 之間更新，確保迅速得到各種能夠影響計畫的指數。通過採用供應鏈管理系統，提高市場競爭力，在價格戰、全球業務拓展和市場推廣中更具優勢。

五、可持續性發展

除在全球範圍內使用 VMI、CBS 和協同引擎外，高露潔還與 SAP 一起在 mySAPSCM 內開發可重複製造功能和各種進度細分功能。以實現一張物料訂單（BOM）就可完成整個生產過程的往復運作，使原料需求更加靈活，生產更適應短期需求變化。

問題

高露潔如何運用供應鏈系統完成其全球化戰略？試論之。

資料來源：e-works，高露潔三個主要的供應鏈戰略，2014.04.01，（INFO.10000link.
COM 轉載）。

個案情境分析

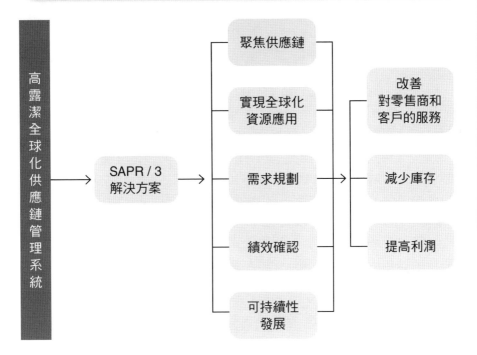

```
高露潔全球化供應鏈管理系統  →  SAPR / 3
                              解決方案      →
```

- 聚焦供應鏈
- 實現全球化資源應用
- 需求規劃
- 績效確認
- 可持續性發展

→

- 改善對零售商和客戶的服務
- 減少庫存
- 提高利潤

問題重點提要

高露潔公司在全球化趨勢下

如何運用供應鏈系統完成其全球化策略

試論之

Unit 1-42
個案：供應鏈的評估與企業價值創造

中國大陸某特鋼集團試圖在產品、技術、人才等方面與國際接軌，為提升企業內部經營水準與競爭力，需要具備高效率業務流程和組織體系，故該集團啟動「企業價值創造」（EVC）計畫，對公司整個供應鏈體系進行評估，並應用企業價值創造方法為客戶服務。

EVC 是企業價值鏈分析之方法，可協助企業確定應該優化的關鍵業務流程及子流程，以提高企業管理水準。EVC 採用與客戶溝通及研究競爭對手，達到瞭解和驗證企業業務與管理改進需求之目的。運用 EVC 為該集團的主要業務部門進行四個階段的業務管理分析，即價值影響分析、關鍵流程和管理模式分析、價值實現途徑分析及企業價值記分分析，並提出對運作可能影響之指標進行量化。

公司參考國際鋼鐵業較佳管理模式，定位於細分化公司業務流程改造目標，設計流程改造的目標管理模式，制定其改造途徑和組織建設之要求，確認對 ERP 和其他軟體之 EVC 解決方案，並為客戶分析對企業產生之價值；使公司可從策略面開始評估流程改造對組織架構調整的要求，並提出一套組織變革解決方案。根據以往的經驗和對於流程作業的瞭解，提出職能核心型模式以適合客戶現階段的發展需要，並進一步分析組織架構調整之理由及效益。

整個價值創造的方法是透過參考世界鋼鐵業較佳管理模式，包括發掘適合客戶的管理方法、尋找有效增加利潤或降低成本的機會，定義各流程層面的管理願景和管理模式、評估該改造對企業效益的總體效益、研究流程目前存在的問題；根據所訂的管理模式，以 ERP 的主體功能作為參考和驅動力，對各目標業務流程進行定義和重新設計，提出實施步驟；評估改造對於組織架構調整和變革管理的需求；提供相關目標流程的績效評估體系。根據企業流程再造的規劃，定義對所需 ERP 平台和其他 IT 解決方案的需求；協助 ERP 平台的確認，提出最佳平台和選擇標準。

問題

這是一家中國大陸企業在進行供應鏈改造所採取的作業模式，請予以評論。

資料來源：www.58cyjm.com。

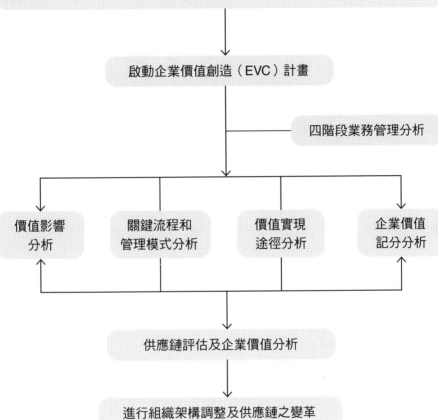

個案情境分析

中國大陸某特鋼集團為與國際接軌，以提升競爭力，需具備高效率業務和組織流程

啟動企業價值創造（EVC）計畫

四階段業務管理分析

| 價值影響分析 | 關鍵流程和管理模式分析 | 價值實現途徑分析 | 企業價值記分分析 |

供應鏈評估及企業價值分析

進行組織架構調整及供應鏈之變革

問題重點提要

請評論

一家中國大陸企業在進行供應鏈改造採取之作業模式？

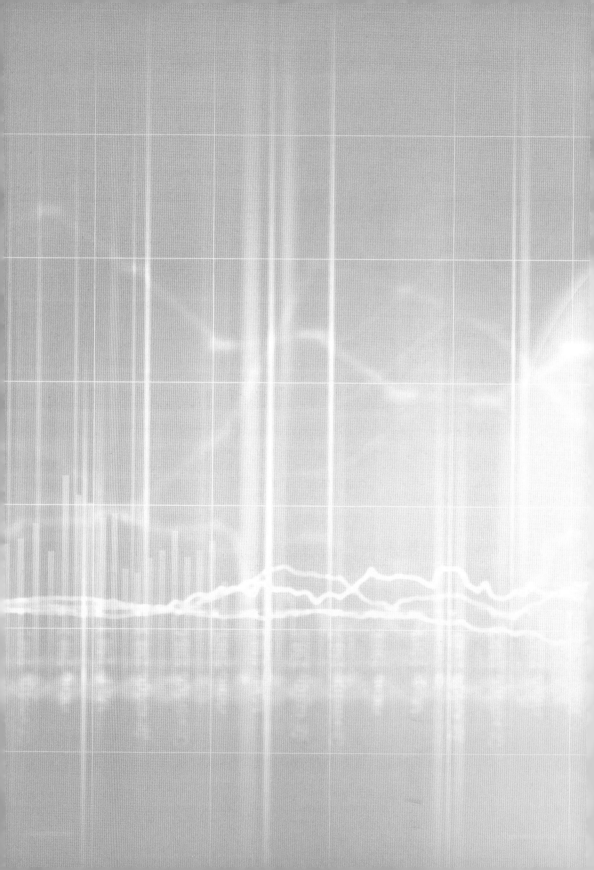

第 2 章

供應鏈之管理與技術

章節體系架構

Unit **2-1**
個案：UNIQLO 提高衣服銷售量的方法

　　UNIQLO 日本業務已使迅銷公司取得滿意利潤，然而在海外業務卻無法取得與過去相同的利潤。為維持高利潤，該公司必須提高日本 UNIQLO 的業務效率，即是為達成海外 UNIQLO 業務步入正軌的同時，必須擴大對日本國內業務的投入。在人工費和物流費上升的同時，人力不足的問題也愈發嚴重，必須進行物流改革（改進物流結構的計畫）。

　　2014 年 10 月 14 日，經營休閒服飾連鎖店 UNIQLO 的迅銷公司，與大和房建工業公司共同宣布兩家公司將成立新公司，建設迅銷公司在全球的物流網。第一座物流中心預定於 2016 年 1 月落成。大和房建公司將在東京都江東區有明地區約 3.6 萬平方公尺的土地上，興建物流倉庫並租給迅銷公司。迅銷董事長兼社長柳井正表示：「大家說這是零售業革命、流通革命、物流革命，但我覺得應該是工業革命。」除了在日本建設約 10 座相同的物流倉庫外，迅銷公司還規劃在海外也建設相同的物流網。

　　迅銷公司高級執行董事岡崎健認為，該公司著手更新物流網之目的，在於連鎖店與 EC（電子商務）等銷售模式之間存在許多障礙。未來為顧客提供最舒適購物環境的零售業時代，即將到來。

　　過去迅銷公司在中國和東南亞等地的工廠附近設置龐大「生產倉庫」，並將商品運往銷售用的大型倉庫，再配送至各地的門市。這種做法能有效控制門市配貨，但門市與倉庫之間的距離增加了運送成本，且不易掌握門市的真實需求。新的物流方案改變銷售倉庫的位置和規模，透過更接近消費地建設中等規模的多功能倉庫，以因應門市的需求，除可縮短運送距離且降低運輸成本，更可以達成實體店面與網路商店無界限的服務。未來新建多功能倉庫，將成為消費者自由選擇購物地點和收貨地點的樞紐。

　　多功能倉庫不僅降低配貨成本，且按照實體店面的即時銷售情況，在短時間內分配商品並進行配送，並減緩門市的缺貨情況，避免暢銷商品因補貨不及而錯失銷售時機。

　　另外，倉庫尚具備門市功能，不但可直接陳列商品，減少卸貨時間及人力負擔，且可減少門市工作人數。消費者客製化需求也可由多功能倉庫受理，減輕實體店面的負擔。

問題

迅銷公司為避免在工廠與市場附近分別設置大型「生產倉庫」所產生龐大運送成本，及不易掌握門市的真實需求現象的發生，因此透過接近消費地建設中等規模的多功能倉庫，以因應門市的需求。您認為此種多功能倉庫的做法，是否能解決該公司所面臨之困境？請從供應鏈的運作方式說明您的理由。

資料來源：日野 Naomi，UNIQLO 提高衣服銷量的方法，居然不是開更多分店，
　　　　　而是設更多倉庫？《日經商務週刊》（日經科技報），2014.10.21。

迅銷公司（UNIQLO）設置龐大生產倉庫，造成運輸成本增加及無法掌握門市真實需求。

人工費及物流費增加

人力不足

提出改善物流結構的計畫

與日本房建公司合資，興建物流倉庫，並租給迅銷公司。

改變銷售倉庫的位置和規模，以中等規模的多功能倉庫，因應門市需求，並減少運輸成本。

問題重點提要

迅銷公司面臨設立太多生產倉庫而產生龐大運輸成本，及無法掌握門市真實需求的情況。

 設立多功能倉庫

請從供應鏈的運作方式說明多功能倉庫的設置，是否能解決該公司的問題？理由為何？

Unit 2-2
訂單處理

一、訂單處理之作業程序

(一)作業程序：訂單處理關係企業之營運，其處理範圍甚至包括訂單是否發生異常變動、訂單進度是否如期進行、客戶拒收、配送錯誤等。因此，訂單處理的過程不能有疏忽，以免嚴重影響企業之營運。其作業程序包括：1.接單；2.訂單資料處理（訂單資料輸入、訂單資料查核與確認、企業商品庫存分配、出貨資料詳細列出）；3.出貨物流作業（揀貨、加工、分配、派車、出貨）；4.訂單狀況管理。

(二)訂單處理之相關物流活動：包括庫存管理、揀貨、採購、商品促銷活動、回庫資料處理、應收帳款處理、配送規劃、銷售分析。

二、接單作業

(一)傳統訂貨方式：包括電話口頭訂貨、傳真訂貨等，必依賴人工輸入相關資料，容易造成作業錯誤。

(二)電子訂貨方式：電子訂貨係透過電子傳遞方式，也就是採用電子資料交換方式下單、接單的自動化訂貨系統，包括：採用訂貨應用系統、POS（Point Of Sales，終端銷售管理系統）、訂貨簿或貨架標籤配合手持終端機（H. T., Handy Terminal）及掃描器。

三、訂單資料處理

(一)訂單資料輸入：訂單資料輸入作業系統有兩種方式：人工輸入、連線輸入。

(二)訂單資料查核及確認：包括輸入檢查與交易條件確認。

(三)庫存分配：在訂單處理過程中，如何將大量訂貨資料予以有效彙整分類及庫存分配。

(四)訂單資料處理輸出：包括出貨單、送貨單、缺貨資料。

四、訂單狀況管理

(一)訂單進度追蹤：追蹤訂單進度，必須瞭解訂單狀態如何轉換，且系統檔案如何設計，以掌握其狀態。包括：訂單狀態（含已輸入且已確認之訂單等）、相關檔案之確認（含訂單狀態等）、訂單狀態資料之查詢列印。

(二)訂單異動處理：較常發生之訂單異動情形，包括客戶增加訂單、客戶取消訂單等。

五、訂單資料分析

訂單資料可供應用之分析，大致可包括下列項目（以銷售為例，採購部分亦相似）：1. 商品別銷售分析；2. 客戶別銷售分析；3. 區域別銷售分析。

接單作業

- 傳統訂貨方式
- 電子訂貨方式

訂單資料處理

- 訂單資料輸入
- 訂單資料查核及確認
- 庫存分配
- 訂單資料處理輸出

訂單狀況管理

- 訂單進度追蹤
- 訂單異動處理

訂單資料分析

- 商品別銷售分析
- 客戶別銷售分析
- 區域別銷售分析

Unit 2-3
存貨管理

一、存貨發生的原因

　　一般所謂之存貨，係指所有能留於未來、具經濟價值、但是目前仍在閒置的資源，它可能包括原材料、半製品、製成品、機器設備、消耗性材料等。由於存貨發生的原因有很多，從不同角度觀察，也會有不同看法。包括：基於對客戶服務品質的考慮，例如，需求變化太大；避免不正確預測的發生，造成生產或銷售之困擾；客戶產品之滯銷或退貨；配合產業季節性之特殊需求；訂貨及交貨期間發生變化；訂貨時機未能充分掌握；品質不穩定，以存貨作為補貨之用；配合製造商的經濟製造批量；因應製造商生產計畫之變更；供應商商品來源不穩定。

二、存貨分類管理

　　目前企業界運用最為普遍的存貨分類法為 ABC 存貨分類法，或稱為存貨重點管理。

　　(一)ABC 存貨分類標準：包括 A 類：存貨品種累積數約占品種總數之 5% ～ 10%；B 類：存貨品種累積數占品種總數之 20% ～ 30%；C 類：存貨品種累積數占品種總數之 60% ～ 70%。

　　(二)ABC 存貨分類之控制程度：A 類貨品採嚴密控制，詳細計算存貨量、訂貨間隔期短、訂貨次數多、訂貨量少、具有詳細進出紀錄、經常檢查存貨、且其安全存貨低。B 類在上述各項指標均為適中，C 類則恰與 A 類貨品相反。

三、降低存貨的方法

　　(一)針對週期存貨：包括降低訂購批量、降低訂購及設置成本、提高生產重複性。

　　(二)針對安全存貨：包括訂貨時間儘可能與實際需求發生時間接近、縮短訂貨前置期、減少供應不確定性、提高需求預測之準確性。

　　(三)針對預期存貨：包括設法使生產水準與需求水準相近、平衡需求量。

　　(四)針對在途存貨：縮短交貨期、降低生產批量、選擇供應商及運輸商。

四、存貨控制系統

　　(一)雙箱系統（Two-Bin System）：適用於重點管理中之 C 類存貨物品。

　　(二)定量訂購系統（Fixed-Quantity System, Q-System）：定量訂購系統係指在存貨總成本最低的情形下，每次訂購相同數量之存貨管制系統，此項採購量稱為經濟採購量（Economic Order Quantity, EOQ）。適用於重點管理中之 A 類貨品。

（三）定期訂購系統（Fixed-Interval System）：定期訂購系統是指每次訂購期間間隔相同的存貨管制系統，此系統較適用於重點管理中之C類貨品。

（四）最小最大訂購系統：最小最大訂購系統是定量訂購系統之修正，它較適用於 A 類貨品。

（五）T. R. M 訂購系統：T. R. M 訂購系統為定期訂購系統與最小最大訂購系統的整合模式。

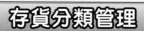

存貨分類管理

| ABC 存貨分類標準 | ABC 存貨分類之控制程度 |

降低存貨的方法

| 週期存貨 | 安全存貨 | 預期存貨 | 在途存貨 |

存貨控制系統

| 雙箱系統 | 定量訂購系統 | 定期訂購系統 |

| 最小最大訂購系統 | T. R. M 訂購系統 |

Unit 2-4
倉儲管理 (1) ──倉庫型態與設計

一、倉庫型態

(一)儲存式倉庫（Storage Warehouses）：儲存式倉庫係物流業者為因應客戶較長期性貨物儲存所需而設立之倉儲。通常客戶有季節性、政策性的需求時，常會利用此種形式的倉庫。由於儲放時間長，因此相對地此種倉庫的使用面積較大，其費用亦會較多。

(二)物料搬運式倉庫（Material-Handling Warehouses）：物料搬運式倉庫所儲存的貨品時間較短，其流動性較高。一種係為配合市場需要而設立之倉庫，它將大量運送至倉庫的物品或產品依客戶訂單之要求，分別送至不同個別顧客，所以被稱之為配銷倉庫（Distribution Warehouses）。另一種倉庫是農產品較常使用的集合倉庫（Assembly Warehouses）。

(三)組合式倉庫（Combination Warehouses）：通常物流業者少有為單一客戶服務，故為符合不同客戶之需求，必須同時設置上述所提兩種型態的倉庫，所以將之稱為組合式倉庫。

儲存式倉庫因著重點在儲存，大多採多層式設計。物料搬運式倉庫則以較快速搬運為其主要目的，所以常採單層式設計。目前專業的物流公司已有採取大樓式的設計方式；又依當地土地的多少，可能有採取多層高樓式的儲運建築物。

另外一種高樓式的儲運設施，則是在低樓層作為貨櫃車裝卸用地，而貨櫃係透過高樓內部的搬運系統運作，其高樓層部分則為倉庫。

二、倉庫地點選擇

倉庫地點之選擇對於物流業者的營運具有絕對的影響力，其考慮因素有：

(一)物品的特性：儲存物品的特性直接影響倉庫的型態，且與倉庫地點的選擇有極大的關係。

(二)與市場的距離：任何倉庫之目的在有效地將物品運送給顧客，因此愈接近市場，其運輸成本愈低。

(三)倉庫使用土地的成本。

(四)與機場（碼頭、火車站）之距離。

(五)基本公共設施。

(六)市場需求性。

三、倉庫之設計與布置

(一)倉庫設計與布置之基本原則：包括儘量使用自動化設備操作、物品搬運過程應採直線作業、倉庫空間使用之有效性。

(二)**倉庫設計之考量因素**：包括物品進出之時間差距、物品的大小與重量、物品的共通性、物品的特性。

總括來說，倉庫之設計與布置，主要係在於提高倉庫的營運效率，因此只要有利於其生產力的提升，企業均應考慮加以改善。

倉庫型態

| 儲存式倉庫 | 物料搬運式倉庫 | 組合式倉庫 |

倉庫地點選擇

物品的特性：物流業者主要在服務大宗物資的進出口，倉庫地點需設在港口邊，不僅物流業者，倉庫地點亦接近目標市場。

與市場的距離：土地成本與運輸成本兩者間之取捨必須加以評估。

倉庫使用土地的成本：另需考慮服務顧客的效率性。

與機場（碼頭、火車站）之距離

基本公共設施：倉庫選擇地點之基本公共設施較佳，則可降低運輸成本。

市場需求性：市場需求性與上述各項影響因素具有明顯之互動性。

倉庫設計

基本原則	考量因素
・儘量使用自動化設備操作 ・物品搬運過程應採直線作業 ・倉庫空間使用之有效性	・物品進出之時間差距 ・物品的大小與重量 ・物品的共通性 ・物品的特性

Unit **2-5**
倉儲管理 (2) ──自動倉儲系統

　　自動倉儲系統係將物流資訊透過電腦化作業，以大幅減少人為錯誤、提高搬運效率等為目的，最終是希望能在節省成本之下，有效達到滿足顧客需要的目標。

　　自動倉儲系統包括了各種軟硬體設備，例如，硬體方面有無人倉庫、無人搬運車、自動化傳輸設備、機器人；軟體方面有電腦軟體程式及人工輸出入作業。

一、自動化倉儲系統之種類

(一) 依搬運結構區分

1. 高層倉儲系統：倉庫高度在 15 至 40 公尺之間，其存取機器由下軌道及中間軌道分別負責不同高度的物品搬運工作。大部分使用於較大物品的搬運及儲存。
2. 輕負荷倉儲系統：以儲存小型物品為主，一般採用走道外揀選的方式。
3. 循環旋轉鋼架倉儲系統：由機器自動至適當地點揀取物品。
4. 高層密集式倉儲系統：此系統通常用於儲存相同物品，可隨時自由進出貨架。

(二) 依存取物品的方式區分

1. 單位式系統（Unit Loads System）：此系統利用墊板、棧板或硬體容器搬運。
2. 揀選式系統（Order Picking System）：走道內揀選系統係工作人員隨機器進入走道存取物品。走道外揀選系統則由機器將物品搬運至走道口，再由工作人員在墊板上找尋所需之物品。
3. 混合式：綜合單位式系統及揀選式系統之優點，可供墊板自動存取，亦可供工作人員手動操作，此系統較具彈性。

(三) 以儲存物品之特性區分：包括常溫自動倉儲系統、低溫倉儲系統（包含恆溫空調倉儲系統等防爆型倉儲系統）、無塵式之自動倉儲系統。

(四) 依建築形式區分：包括自立式鋼架倉儲系統、一體式鋼架倉儲系統。

二、自動化倉儲作業方式

　　包括：物品點收及裝墊板、檢查作業（檢查體積及重量是否符合規定）、調整作業、倉位貨架安排作業、搬運作業、儲存（取出）作業、庫存資料更新作業。

三、自動化倉庫之系統規劃

　　自動化倉庫之系統規劃為專業性的工作，除具備各項基本組織外，良好的管理理念、強有力的實務經驗、縝密的思考能力及使用者的配合能力等，均是其成功的因素。規劃前，必須對下列問題予以慎重考量，包括：標準化及合理化之檢討；倉庫吞吐量、暫存量、庫位需求之決定；物流出入頻率分析；物流週轉量之分析；空間選擇和利用；物流處理區之規劃；月台、碼頭規劃。

自動化倉儲系統之種類

- 依搬運結構區分
- 依存取物品方式區分
- 以儲存物品之特性區分
- 依建築形式區分

自動化倉儲之標準化考量因素

- 決定貨架大小、存取機的負荷量及速度
- 堆放作業容易，並方便估計墊板物品重量和數量
- 減少物品受損的機會及有效利用墊板空間

自動化倉儲作業方式

- 物品點收及裝墊板
- 檢查作業
- 調整作業
- 倉位貨架安排作業
- 搬運作業
- 儲存作業
- 庫存資料更新作業

自動化倉庫之系統規劃

- 標準化及合理化之檢討
- 倉庫吞吐量等之決定
- 物流出入頻率分析
- 物流週轉量之分析
- 空間選擇和利用
- 物流處理區之規劃
- 月台、碼頭規劃

Unit 2-6
運輸管理

　　運輸管理的工作愈來愈受到企業的重視，因為物品的價格中，來自運輸的部分比重相當大，若能透過有效的運作，有效的降低運輸成本，對於產品而言，將更具價格競爭力。

　　運輸大致上可包括輸送及配送兩大主軸。所謂的輸送，係指貨物在運輸的主要據點間的運輸服務過程；配送則係指貨物在運輸單位之主要據點與收貨人或託運人間的運輸服務過程。因此有人將輸送稱為主線運輸，配送稱為集散服務。

　　由於顧客逐漸增加，企業為達成有效的運輸效率，其物品之運輸可能自行負責，亦可能委託專業運輸公司或專業物流公司負責。

　　運輸由於可發揮時間效用及地區效用，因此成為現代商業上不可或缺的工具，其基本的構成要素包括人或貨物、運輸工具、運輸路線。

一、運輸系統規劃之步驟

　　運輸系統規劃步驟包括：瞭解運輸計畫的目的、蒐集運輸活動的相關資訊、效法整合運輸功能的相關因素、運輸計畫草案完成、運輸計畫與客戶進行協調、確定企業之運輸計畫。

二、貨物運輸方式之選擇

　　運輸方式含鐵路、公路、水路、管道、航空及複合等運輸。

　　(一)貨物運輸方式選擇的指標：包括：運送時效性、運輸成本的高低、運輸的安全性、運輸的可及性、運輸的效率性、運輸的服務品質。

　　(二)貨物運輸的選擇方法
　　　　1.成本法：企業依據運輸成本來決定其貨物的運輸方式。
　　　　2.指標法：考慮在運輸過程影響因素，包括產品特性、市場特性等。

三、單位裝載化之做法

　　單位裝載化係將一般的小件貨物予以彙集，在達到一定重量或體積後，以配合棧板或貨櫃使用，並加速運輸的一貫運送方式。使用貨盤的單位裝載化，稱為棧板化（Palletization）；使用貨櫃之單位裝櫃的單位裝載化，稱為貨櫃化（Containerization）。目前因拆裝作業的問題，大多以貨櫃為之。

　　(一)貨櫃種類：密封貨櫃、液體貨櫃、冷藏貨櫃、開頂貨櫃、散裝貨櫃。

　　(二)貨櫃規格：海上運輸之貨櫃長度分為 10 呎、20 呎、30 呎、40 呎（其中以 20 呎及 40 呎者為多），寬度及高度均為 8 呎。

　　(三)整櫃裝卸：係由託運人負責報關、裝櫃、封櫃，並運至船方之貨櫃堆積場，以便裝船；或由收貨人自行將到達之整櫃拖至其自有倉庫拆櫃、報關、點貨。貨方則負責貨物之包裝及理貨。

　　(四)拼櫃裝卸：託運人的貨物不足一個貨櫃時，需將貨物運至船方貨櫃集散站、報關站，再交由船方與其他託運貨物合併裝櫃。卸貨時亦同，即是由船方負責貨櫃集散站之裝櫃、拆櫃。

運輸系統規劃之步驟

瞭解運輸計畫的目的	蒐集運輸活動的相關資訊	效法整合運輸功能的相關因素
運輸計畫草案完成	運輸計畫與客戶進行協調	確定企業之運輸計畫

貨物運輸方式選擇的指標

運送時效性	運輸成本的高低	運輸的安全性
運輸的可及性	運輸的效率性	運輸的服務品質

單位裝載化之做法

種類及規格

· **貨櫃種類**：密封貨櫃、液體貨櫃、冷藏貨櫃、開頂貨櫃、散裝貨櫃。

· **貨櫃規格**：海上運輸之貨櫃長度分為 10 呎、20 呎、30 呎、40 呎（其中以20呎及40呎者為多），寬度及高度均為8呎。

做法

· 整櫃裝卸

· 四種作業方式：

　　拼裝／分拆（CFS/CFS）：船方負責裝櫃、拆櫃。

　　拼裝／整拆（CFS/CY）：船方負責裝櫃，貨方負責拆櫃。

　　整裝／整拆（CY/CY）：貨方負責裝櫃、拆櫃。

　　整裝／分拆（CY/CFS）：貨方負責裝櫃，船方負責拆櫃。

Unit **2-7**
採購管理 (1) ──供應商選擇

採購管理係指在必要性的生產期間，以最少的費用獲得必要的數量，而且達到規定品質標準的物質之一種管理活動。

一、採購方式

採購的方式可能是在一般市場得到供應，但亦可能是以指定的方法，在指定的企業製造或委託加工而得到供應。由於現代商業型態的日益複雜，只要是企業營運所需的物品（不論原材料、零組件，甚至半成品、成品），不論是以何種方式獲得，均可以採購的方式達成目標。採購方式包括集中採購及分散採購等兩種。

(一) **集中採購**：首先應考量營運資料的採購機能，集中在單一管理者，達到費用降低的目的。尤其各部門若執行與本身無直接關係的採購行為，這些均經由公司內部專業部門透過蒐集各種市場資訊，以作為採購的參考。

(二) **分散採購**：若是企業規模較大，其工廠或營業場所分散各地，採取分散採購的方式較符合需要。此時除依市場狀況而採用的常備物料計畫及長期買賣合約選定之物品外，在實施分散採購時應注意下列條件：1. 物料的購買市場是否能確保具有一定的供應管道；2. 物品的品質保證；3. 購買時是否符合經濟效益，以及 4. 是否與地方性狀況有關，在全球化中，常會在開發中國家面臨此問題。

在全球化的環境下，愈來愈多的企業在採購上，可能部分物品採集中採購，但部分物品則採分散採購。以個人電腦為例，不同的零組件採用不同的採購方式，這是為了因應接單生產（BTO）、接單組裝（CTO）、生產模組化等營運型態的產生，所必須採取的方式。

二、供應商的選擇

(一) **現有供應商資料整理**：現有各種供應商的相關資料及目錄，均應加以詳細整理分析，甚至與企業營運有密切關係的物品供應商，更應進一步瞭解其營運狀況及過去與公司交易的紀錄，包括經營狀況資料、交易紀錄文件（應包括過去詢問報價的要點及交易的實際狀況）。

(二) **新供應商的調查**：公司應在可能的供應商中，選擇最合適的三至五家最佳供應商，而不是將所有合適的供應商全數列入交易對象，這會增加採購管理上的難度。

1. 選擇方法，包括書面審查（含估價單、公司概況、經營狀況等）、與經營者面談、工廠視察、財務分析。

2. 選擇時之考量因素，包括估價單之妥當性、降低成本之可能性、工廠規模、有無生產能力、地理條件、有無特殊技術、經營者的道德、勞務狀況、財務狀況、工廠環境、從業人員的敬業態度、工程管理的組織制度、提交報告之確認、品質檢驗狀況、交貨期。

(三) **對供應商之評價**：上述所提考量因素，最後均是選擇供應商之評價依據。

採購方式與供應商選擇

採購2方式

1.集中採購

集中在單一管理者，達到費用降低的目的。

2.分散採購

企業規模較大，且工廠或營業場所分散各地，採取分散採購的方式較符合需要。

如何選擇供應商？

1.現有供應商資料整理 →

經營狀況資料：包括基本營運資料、工廠設備資料、勞動狀況資料等。

交易紀錄文件：交易紀錄文件應包括過去詢問報價的要點及交易的實際狀況。

2.新供應商的調查 →

①選擇方法 ＋ ②選擇時之考量因素

原則上，公司應在可能的供應商中，選擇最合適的3~5家最佳供應商，而不是將所有合適的供應商全數列入交易對象，這會增加採購管理上的難度。

3.供應商之評價依據 →

①是否遵守質量標準？

②交貨可能出現延期交貨嗎？

③是否能正確依契約將物品交付指定地點？

④從處理訂單至交貨期間，對於各種相關事務工作的處理是否正確？

⑤對於電話、網路、信件等詢問能否快速回應？

⑥對方是否對交貨管理具有嚴格之管控？例如：預期中的延期交貨能否事先通知？

⑦該企業之商譽如何？買賣上是否有不良紀錄？

⑧該企業之經營者人品如何？是否具有責任感？

⑨在面對各種環境變化時，能否與公司共同合作，以求解決之道？

Unit 2-8
採購管理 (2) ── 採購實務

　　負責採購者不可以依自己的想法採購物品，而是應依物品需求者的要求採購。通常包括補充常備庫存物品之需求、符合擬定製造或營運計畫所需之物品要求、根據市場狀況需要之物品要求。

一、採購方法

（一）一次採購：此採購方式係採購部門每逢有需求時，即簽約採購訂貨合約。

（二）合約採購：所需物品之採購是以長期計畫中，對所有需求之物品，一起簽訂合約，其對價格常有特別要求。

（三）預定合約採購：若是採購以預定的價格及數量簽訂合約，等到最後確認實際買入的數量時，再適度調整其價格。

（四）一併採購：若是如消耗品等使用量不大，但品類很多，常會一定品種選定少數供應商，經常採購，約定每月或一定期間結算一次採購金額。

（五）投機採購：根據市場狀況，在最有利的情形下實際採購。

（六）市場採購：為確保一年中營運必需之物品數量，常根據市場狀況，在最有利的機會下採購，它不見得依具體生產計畫或營運計畫採購。

二、採購合約的選定

　　原則上，採購合約的選定從供應商名單中選擇最合適者。採購不能以個人意願採購，而是採各種公正的方法來決定。常見的方式說明如下：

（一）公開招標採購：即是事先公告對訂貨進行說明，並針對供應商提出交貨的估價單，與本身內部原先預定的價格相比較，選擇合適者簽約。

（二）指定招標制：若是針對供應商要求特定條件時，這便是指定招標。招標制度是以下限決定招標者為原則，再從指定供應者中選擇每家公司。

（三）詢問採購：即是由供應商名單中直接詢價，經交涉後，選擇最合適的供應商。

三、採購契約條款

　　長期採購必須將基本的各種條款明確以文書形式表達。一般契約條款，應提出物品之品稱、記號、方法、數量、單價、金額、交貨條件、交付條件、支付幣別、接受檢查的方法、品質的條件、違約等事項，甚至還包括轉承包、拖延支付等防止條款。

四、採購的實施步驟

　　實施採購實務的方式，可依下列手續辦理：1. 確認需求，即是受理採購申請；2.採購來源與物品項目之確認，以及3.價格調查，決定採購單位，即是評估供應商。此時常可能會實際到達生產現場調查評估。由於第 3 階段最為複雜，即是必須針對供應商進行調查評估，而作法上係根據前述的考量因素即可。

採購實務

常見採購6方法

1.一次採購　　2.合約採購　　3.預定合約採購
4.一併採購　　5.投機採購　　6.市場採購

常見採購合約3方式

1.公開招標採購
2.指定招標制
3.詢問採購

★實務上，採購方式尚可包括比價採購、議價採購、定價採購、公開市場採購等。

★目前政府部門在採購上採取更複雜的作法，在公開招標中，甚至採限制性招標，同時過程中採專家徵選方式運作。

採購契約條款

1.物品的規格　→　物品的規格有時甚至必須附上設計圖。
2.價格和支付條件。
3.交貨期和交貨條件　→　有時甚至包括交貨地點、交貨方式等。
4.購入檢查的方法和是否符合品質標準。

採購實施 3 步驟

Step 1
確認需求

Step 2
採購來源與物品之確認

Step 3
評估供應商

①評估供應商的經驗、財務結構、製造能力、合作意願等
②要求供應商報價與評估　③協商價格與條件
④簽訂採購契約和訂貨　　⑤交貨期的管理
⑥進貨物品的接收　　　　⑦支付貨款

Unit 2-9
企業資源規劃（ERP）(1) ──基本概念

一、ERP 之涵義

所謂 ERP（Enterprise Resource Planning）即企業資源規劃，係指企業整合內外部資源的企業經營系統，它必須依靠高度的資訊技術之運作，始能達到公司所設定的目標。它也不是突然出現的工具，其實從 1960 年代即已逐步產生相類似的概念。一般來說，它至少包括製造、財務、人力資源三大核心模組。ERP 可從以下不同角度觀察：

(一) **從企業營運來看**：可提供下列的功能：1. 有利於企業再造；2. 必須透過資訊技術的協助；3. 必須導入營運策略與經營模式；4. 整個企業的運作流程與組織運作必須進行變革。

(二) **從管理功能來看**：可提供下列的管理功能：1. 生產製造管理；2. 人力資源管理；3. 財務管理；4. 供應鏈管理（從狹義角度來看供應鏈管理）；5. 專案管理；6. 行銷管理。

(三) **從技術架構來看**：可提供下列的功能：1. 它是使用者使用單一的資料庫；2. 它是使用者使用共同的介面；3. 它使用共同的應用程式；4. 它使用三層次的主從架構；5. 它包括使用者介面層、應用程式層、資料庫；6. 網路技術已由 Internet 進展至 Extranet。

二、ERP 導入之利益

(一) **有形利益**：包括：1. 降低人工成本；2. 減少物料成本；3. 提高產品品質；4. 有助於生產力的提升；5. 增加營運收入與利潤；6. 提高營業資金週轉率；7. 減少管理費用。

(二) **無形利益**：包括：1. 需求的快速反應；2. 正確與完整的蒐集到所需之資訊；3. 能即時且有效的資訊回饋；4. 有助於企業流程與系統作業的整合；5. 有利於產品線的自動化及透明化；6. 即時管理決策資訊之提供。

三、ERP 之演進

(一) **MRP（1960 年代）**：1960 年代的 ERP，係以 MRP 為其管理系統，其功用以生產與物料規劃為主。

(二) **MRP II（1970 年代）**：其方向仍延續 MRP 的做法，其應用區域已走向大區域。

(三) **JIT / TQC（1980 年代）**：此時，ERP 的重點在於強調成本、品質、效率、供料的即時性。

(四)ERP 系統（1990 年代）：1990 年代才真正採用 ERP 這個名詞，因為企業開始面對小眾的市場特性，需求重點在強調彈性，採用多樣大量生產。

(五)ERP+SCM（2000 年代）：未來除電子商務部分外，如何演進可能仍有待觀察（與資訊技術的進步有關）。

ERP 之涵義

- 從企業營運來看
- 從管理功能來看
- 從技術架構來看

ERP 導入之利益

- 有形利益
- 無形利益

ERP 之演進情形

MRP

採少樣大量生產，組織為集中式組織，應用區域為小區域，營運週期具定期性，需求重點在於功能性的強調，市場特性為大眾市場。

MRP Ⅱ

強調銷售、生產、物料、財務管理、製造資源之整合規劃與執行，需求重點在於強調成本性。

JIT / TQC

生產模式是多樣小量出產，且開始採取分散組織。

ERP

管理重點在於強調研發、銷售、生產、配銷服務與服務內部資源整合與最佳的運用，應用區域已邁向全球，而營運週期已著重在即時性。

ERP+SCM

管理模式在於強調結合內外部客戶與廠商的全球運籌管理模式，同時將結合網際網路的運用。

Unit 2-10
企業資源規劃 (2) ——內容

各企業導入 ERP 的內容並不同，企業需依本身需要，決定導入的項目。

一、生產製造模組

例如，依狀況採用間斷式、重複式、依單組裝、連續式。它對新產品工程、產品計畫之擬定與模擬、供應系統之管理、生產製程與計畫之掌握、成本管理、品質管理均有考慮。次系統包括：工程管理系統、產品管理系統、原料管理系統、應生產時程計畫與物料需求計畫管理系統、產能管理系統、庫存管理系統、供應鏈計畫管理系統、供應商時程管理系統、採購管理系統、量產與工單管理系統、成本管理系統、品質管理系統、連續生產管理系統。

二、人力資源模組

次系統包括：人力資源管理系統、薪資管理系統、訓練管理系統、銷售獎金管理系統。

三、財務管理模組

次系統包括：財務分析工具管理系統、採購管理系統、總帳管理系統、應收帳款管理系統、固定資產管理系統。

四、行銷管理模組

次系統包括：應用資料倉儲管理系統、銷售與行銷管理系統、銷售獎金管理系統、財務分析管理系統、網際網路商業管理系統。

五、供應鏈管理模組

次系統包括：供應鏈計畫管理系統、主生產計畫與物料需求計畫管理系統、供應商時程管理系統、採購管理系統、庫存管理系統、訂單管理系統、應收帳款管理系統、應付帳款管理系統、產品型態管理系統、服務管理系統、品質管理系統。

六、專案管理模組

次系統包括：專案成本管理系統、專案請款管理系統、人事時間與費用管理系統、應用資料倉儲管理系統。

七、專家系統

專家系統可減少導入時間，進而爭取作業時效，達到提高營運效率的目的。

由上述說明，可知 ERP 的各模組可能有相互支援的情形，所以會出現不同次系統有相同的管理系統。其次，各 ERP 的軟體設計公司因其設定的服務對象不同與本身專業能力的差異，故所提供之各模組及其次系統不盡然相同，企業在導入過程中可能需依真正的需要，採用適合本身的 ERP 軟體系統。

ERP 之內容

生產製造模組
生產製造模組可藉由多重支援的環境，不斷地改進其作業模式。

人力資源模組
人力資源模組之運用，有助於人力資源招募、訓練、慰留、生涯規劃、薪資管理、組織規劃等方面。

財務管理模組
財務管理模組對企業之財務分析、財務機能之掌握、財務計畫之擬定、費用管理、資產管理、現金管理、請款與收款等。

行銷管理模組
行銷管理模組與市場綜合分析、市場擴展、行業支援等方面有關。

供應鏈管理模組
供應鏈管理模組對供應鏈計畫擬定、供應管理、物料管理、訂單管理、售後服務等之改善有幫助。

專案管理模組
專案管理模組對專案追蹤、成本蒐集、個人時間與支出、專案成本資本化、收益累計與請款、線上查詢、跨專案分析等工作有所幫助。

專家系統
專家系統係將過去成功的經驗模組化後，供其他企業參考。

Unit 2-11
企業資源規劃 (3) ——實施應注意的事項

一、應注意事項

(一) 專案所設定之使命與目標不明確：目標不明確是導入 ERP 最常面對的問題。企業導入 ERP 應是為提升企業本身的競爭力、強化企業流程效率、或是替代現有的系統。有了正確清楚的目標，才能選擇一套較符合企業的基本架構。

(二)IT 人員流動性高，無法配合企業需要：若導入 ERP 的專案人員流動率超過 25% 以上，則此專案失敗的機率便會增加。企業應對這群專業人員給予各種獎勵及報酬，設法將之留在企業內。

(三) 系統模組間的整合與介面規劃困難：由於導入 ERP 常會改變現有流程與組織，第一，企業遷就解決方案以改變原有流程與組織；第二，修改解決方案以符合企業現有流程與組織。

(四) 最高決策者與員工心態無法配合組織變革：對上及對下的溝通工作必須不斷進行，同時相關教育訓練也必須有效執行，使全體員工能瞭解企業未來為何要變？有何改變？如何因應？

(五) 面對組織抗拒，高階主管未能認真看待

(六) 缺乏策略觀與跨功能知識的專案團隊：由於 ERP 的優點是系統整合，但其失敗的主因之一也在於系統整合的不易，因此，專業能力的專案團隊之建立是導入 ERP 必備要件之一。

(七)ERP 系統與現有營業流程與組織結構無法配合：ERP 系統所牽涉之部門非常廣泛，如何透過溝通、協調，使各部門能配合流程改變，是重要的工作。

(八) 資訊不完整或定義錯誤：資訊不完整，或對資料之定義與軟體不相同時，會發生運作的障礙。

(九) 不容易找到合適的 ERP 導入的合作夥伴：企業在選擇 ERP 產品與顧問的做法是，第一，廠商應瞭解本身導入 ERP 的目標；第二，制定評估準則，包括整個大方向及部門特定要求，並設立各評估準則之權重，經討論後給予量化分數，最後再考量不能量化的因素。

(十) 協力廠商能力不足，無法配合中心工廠進行企業電子化：許多企業在導入 ERP 後，再透過 SCM 的模組與其合作夥伴進行資源分享時，卻常因合作夥伴（或協力廠商）電子化不足，造成嚴重阻礙。

二、導入 ERP 後對管理機能所可能帶來之影響

其影響包括：1. 業務系統必須統合；2. 作業流程模式必須改進；3. 企業內各部門資料必須整合；4. 必須與相關群組軟體連結在一起；5. 開放式的對應（即是具有擴張性、互換性、相互運用性等）；6. 提供新系統開發所需的參數及資料；7. 全球化的對應；8. EIS（決策資訊系統）的對應。

圖解供應鏈管理

專案所設定之使命與目標不明確

IT 人員流動性高，無法配合企業需要

系統模組間的整合與介面規劃困難

最高決策者與員工心態無法配合組織變革

面對組織抗拒，高階主管未能認真看待

缺乏策略觀與跨功能知識的專案團隊

ERP 系統與現有營業流程與組織結構無法配合

資料不完整或定義錯誤

不容易找到合適的 ERP 導入的合作夥伴

協力廠商能力不足，無法配合中心工廠進行企業電子化

業務系統整合

作業流程改進

資料整合

決策資訊系統之對應

對管理機能帶來之影響

相關群組軟體的結合

全球化之對應決策

新系統開發資料之提供

開放式之對應

Unit 2-12
企業資源規劃 (4) ──考量因素與推動步驟

一、導入 ERP 成功關鍵因素

包括：高階主管的全力支持與參與、全員參與、選擇適當的合作夥伴（軟體公司及管理顧問公司）、落實的教育訓練、依企業特性及產業特性採用不同的導入方式、訂定具體的量化衡量目標、做好企業內部流程再造的工作、實施時應採逐步推動方式，由最重要或最易完成的項目進行導入。

二、ERP 導入時應考慮事項

(一)導入 ERP 之策略思考：包括如何建立一個正確的導入策略？是否需要事前進行企業流程改造？……。

(二)ERP 軟體的選擇：包括軟體功能是否符合公司需求？軟體的流程與Know-How，和既有的流程、系統差異性多大？……。

(三)上線工作

(四)導入過程

(五)ERP 既有系統之間的問題（整合或取代）

(六)ERP 如何擴大運用

三、選擇 ERP 套裝軟體之考量因素

(一)軟體業者之經驗與能力

(二)ERP 系統功能強弱

(三)系統的技術架構

(四)系統之開發及導入成本

(五)其他

四、導入 ERP 之步驟

(一)第一階段：前置作業

包括：瞭解企業的經營理念及目標、評估企業的實際需求與想法、成立企業內部工作團隊等。

(二)第二階段：進行企業資源與作業流程之規劃

包括：規劃最適合公司的作業流程、模擬企業流程再造計畫等。

(三)第三階段：導入初期

包括由 ERP 系統軟體公司與管理顧問公司設立一套基本系統等。

(四)第四階段：系統啟用前準備

包括對電腦系統實施各項測試、實施教育訓練等。

(五)第五階段：正式上線及支援考慮

包括系統正式啟用與 ERP 軟體公司應提供 24 小時全天候支援服務。

導入時應考慮事項

- 導入 ERP 之策略思考
- ERP 軟體的選擇
- 上線工作
  1. 如何化解流程改造之阻力？
  2. 哪些部門要先行導入？
  3. 哪些資訊基礎建設需調整？
  4. 如何實施教育訓練？
- 導入過程
  1. 導入工作是否完全依原則計畫施行？

- 2. 如何確定內部可接受改革？
- 3. 如何確定資訊基礎建設及技術能真正配合導入計畫？
- ERP 既有系統之間的問題
  1. 如何進行整合的工作？
  2. 哪些資源和工具可供運用？
- ERP 如何擴大運用
  1. 如何將現有 ERP 擴大運用？
  2. 如何使 ERP 在經由修正或調整後，可滿足未來之需要？

選擇 ERP 套裝軟體之考量因素

- 軟體業者之經驗與能力
- ERP 系統功能強弱
- 系統的技術架構
  含人機介面（文字、圖形介面）、軟體架構（二層式或三層式主從架構）、管理工具、維護工具。
- 系統之開發及導入成本
  含系統軟體費用、電腦硬體費

用、作業系統輔助性軟體的費用、網路設備的費用、系統導入之顧問費、人員教育訓練費。

- 其他
  含開發廠商的支援能力、開發廠商的未來研發能力、最新的科技是否為企業所最需要？軟體系統之相容性與擴充性。

步驟

- 前置作業
- 進行企業資源與作業流程之規劃

- 導入初期
- 系統啟用前準備
- 正式上線及支援考慮

Unit 2-13
企業資源規劃 (5) ──法律問題

一、內部人員方面

　　企業對於相關系統資訊人員與其他重要的參與人員，應簽訂保密協定或競爭禁止協定，並要求此等人員應遵守軟體供應商於授權契約中的各種要求。

二、外部供應商與顧問

　　企業在導入 ERP 時，會牽涉的業者可能包括 ERP 的軟體提供業者、顧問業者及資訊硬體業者。對中小企業而言，可能是由一家業者統包，但原則上較具規模的專案計畫應會由不同業者參與。

(一) 簽約種類

1. 買賣合約：有些 ERP 軟體業者係以簽訂軟體買賣合約作為 ERP 的建置。
2. 授權合約：授權合約方式為目前大多數 ERP 軟體業者所採取的模式。

(二) 合約內容：合約內容應有哪些規範，才能保障導入 ERP 企業的權益呢？這是導入 ERP 業者必須特別注意的工作，甚至必須由專業的法律人員或法律顧問協助完成。一般而言，合約內容包括以下項目：

1. 軟體模組的相關功能與內容。
2. 使用人數。
3. 系統安裝與系統環境設定的服務範圍。
4. 規定系統文件使用者相關操作說明資料、標準作業程序相關資料等，應於何時交付、以何種媒體交付等。
5. 教育訓練及上線輔導等事項。
6. 技術支援與維護問題。此項目不只是單純的一般性技術支援而已，尚應包括版本更新、諮詢服務、配合特殊需要修改或是新增功能等。而且它們是否包括在總價之內？還是另外計費？計費標準如何？均應有所規範。
7. 導入時程之規定，即協助期間多久？如何計算？均需有相關的規定。
8. 智慧財產權保護與歸屬的問題：(1) 應要求供應商提供權利瑕疵擔保責任，也就是第三人不得對其使用該軟體系統主張侵權，若有此等情形發生，則由供應商負責解決。(2) 就供應商而言，供應商亦會對於其智慧財產權有關的部分，要求業者不得任意複製、重製或提供他人利用。即使契約解除或終止後，亦會要求業者將所有智慧財產權所附著之物返還。(3) 供應商亦可能對於軟體的利用加以特別限制，例如，不得自行開發類似系統軟體的約定。
9. 保密條款：必要時在合約中要求供應商與其受雇人或受聘人應該善盡保密之責，另外若聘請顧問或管理顧問公司時，亦應與其簽訂相類似的保密協定。
10. 解除條款：所謂解除條款，就是在一定解除事由發生時，可以主張解除契約，以免遭受損失。

企業對資訊安全與保密具有明確規範
包括哪些人員可以接觸必要的資訊、如何防止機密資訊外流、洩漏或不法
重製等問題,均應有所規範。

對相關系統資訊人員與其他重要的參與人員,
應簽訂保密協定或競爭禁止協定
例如,不得任意重製其軟體或提供他人使用等。

外部供應商與顧問的法律關係

簽約種類

· 買賣合約
  因它會產生所有權移轉的問題,
  較少 ERP 軟體業者採取此方式。

· 授權合約

· 其他
  可能會簽訂維護合約。若是聘請
  外部專業顧問,亦會簽訂服務合
  約或其他類似的契約。

合約內容

· 功能與內容
· 使用人數
· 服務範圍
· 系統文件使用相關規定
· 教育訓練及上線輔導

· 技術支援與維護
· 導入時程之規定
· 智慧財產權保護與歸屬
· 保密條款
· 解除條款

Unit 2-14
先進規劃與排程系統 (1) ——簡介

企業的生產規劃與排程技術，由早期的存貨規劃控制系統、物料需求規劃系統（MRP）、製造資源規劃系統（MRP II），到今日的先進規劃與排程系統（Advanced Planning and Scheduling, APS），過去技術設定許多假設，不符合生產規劃及排程的需要，先進規劃與排程系統則克服那些不合理現象。

APS 包括限制理論（Theory of Constraints, TOC）、作業研究（Operations Research, OR）、基因演算法（Genetic Algorithms, GA）、限制條件滿足技術（Constraint Satisfaction Technique, CST）等管理規則技術，在有限資源下，追求供需平衡規劃；利用資訊的儲存與分析能力，短期內達到有效規劃。

一、傳統生產規劃與排程系統所面臨之問題

（一）系統假設不符合實際現況：企業的產能有限，常有突發狀況出現，傳統生產規劃與排程系統對產能無限、訂單交期作為演算依據，並不符合真實企業的生產需要。

（二）供需規劃無法溝通協調：傳統的生產規劃及排程系統係將需求規劃系統與供給規劃系統分別看待，則此種生產規劃及排程系統是無效率的。

（三）未能考量上下層資源整合的問題：生產規劃及排程的工作，通常包括生產規劃、主排程規劃、物料需求規劃、產能需求規劃、詳細作業排程等階段。傳統的做法是上層逐步地往下層發展，但卻忽略下層資源可能會受到限制。

（四）非即時性規劃方式：假設一定期間的批量式規劃，無法符合實際即時性規劃的需要。

（五）系統無法有效整合：因此不能符合生產上的實際需要，除非能讓各個系統進行有效整合，否則規劃人員的規劃品質及時效性是不足的。

（六）無法成為決策支援工具：傳統的生產規劃與排程系統無預測功能，所以無法成為決策支援工具。

（七）無法採全面性方式進行規劃：傳統的系統無法以全面性方式進行規劃，因應實際環境的需求。

二、先進規劃與排程系統之功能

先進規劃與排程系統係為解決傳統系統的問題，因此需能具備克服傳統系統缺點的功能。以下就目前 APS 常見的功能說明如下：

（一）能在固定資源下設法追求效益最大化的規劃：APS 為應用數學模式、網路模式、模擬方法等先進技術，因此能在各種不同限制條件下，擬出一個可行及最大化的規劃。

(二) 即時作業能力：APS 能蒐集生產上的各種即時資料，並立刻進行即時分析與規劃。

(三) 能考量供需規劃之整合：APS 同時兼顧需求面與供給面，使得供需規劃能達到均衡。

(四) 提供決策支援的功能：具備模擬等預測分析工具，有利於規劃人員在分析上的運用，取得正確決策。

傳統生產規劃與排程系統所面臨之問題

- 系統假設不符合實際現況
  MRP、MRP II 均無法解決產能無限及訂單交期的矛盾點。

- 供需規劃無法溝通協調
  不是供過於需，便是供給不足以因應需求，造成服務品質
  不佳或成本過高的結果。

- 未能考量上下層資源整合的問題
  出現下層的資源無法執行上層的規劃，也就是生產現場無法因應規劃的要求。

- 非即時性規劃方式

- 系統無法有效整合
  傳統的系統是各系統採個別獨立作業，相互之間無法進行溝通協調。

- 無法成為決策支援工具
  目前市場環境變化快速，常需透過模擬等分析工具達到有效預測的目的。

- 無法採全面性方式進行規劃
  只針對個別廠或地區進行規劃，全球化下，企業基於資源運用的因素，常可能分布在不同地點。

先進規劃與排程系統之功能

- 能在固定資源下設法追求
  效益最大化的規劃
- 即時作業能力
  規劃人員能因應許多突發狀況 (如
  緊急插單、物料供給延誤等)。

- 能考量供需規劃之整合
- 提供決策支援的功能

Unit 2-15
先進規劃與排程系統 (2) ──功能模組的基本模式

APS 系統基本上並不是單一系統，它包括許多不同系統的整合，不少系統均是 SCM 中的系統，雖各家解決方案提供者有不同的模組，但擁有相類似的模組，APS 系統是其中一個系統，範圍涵蓋供應鏈。

一、策略層面之模組

（一）供應鏈策略規劃模組（Supply Chain Strategic Planning）：此模組主要目的在企業目標及資源限制下，能有效制定出有利於企業營運的供應鏈相關策略的規劃。

（二）供應鏈網路規劃模組（Supply Chain Network Planning）：此模組係根據供應鏈策略，在考量市場需求、客戶關係服務、運籌成本、時間與技術等因素下，設計供應鏈網絡結構。

二、供需整合層面之模組

（一）需求規劃與預測模組（Demand Planning and Forecasting）：此模組的主要功能在於顧客需求管理，其內容包括需求規劃與需求預測。

（二）銷售與作業規劃模組（Sales and Operations Planning）：此模組主要是在平衡供需的原則下，規劃不同時期的銷售計畫。

（三）供應鏈規劃模組（Supply Chain Planning）：此模組是根據企業的銷售與生產計畫，整合配銷、運輸等方面的資源，以符合顧客之需求。

（四）供給規劃模組（Supply Planning）：此模組係依據供應鏈規劃模組下所規劃的生產計畫。

（五）存貨規劃模組（Inventory Planning）：此模組主要是根據企業的供需計畫，決定最佳的存貨配置模式。

（六）配送規劃模組（Distribution Planning）：在整合需求計畫、存貨計畫等，以決定各配銷中心最佳的存貨補貨時間及數量。

（七）運輸規劃模組（Transportation Planning）：此模組係根據物料採購計畫、產品製造計畫、存貨配送計畫，在考量時間、成本及運輸資源限制下，決定物資在供應商、企業、配送中心、顧客之間的流動方式。

三、現場作業層面

（一）現場作業排程模組（Shop Floor Operations Scheduling）：此模組係依供給規劃模組所規劃之生產計畫等條件，決定出最合適的現場作業排程。

（二）出貨排程（Shipment Scheduling）：此模組係依據銷售計畫中的交貨日、配送計畫中的存貨配置情形及運輸計畫，決定產品的出貨方式。

（三）可允訂貨數量模組（Available to Promise, ATP）：可允訂貨數量模組（ATP）係在快速回應顧客要求的訂單內容，即是否可接下顧客訂單？正確交期及數量如何？無法接單之替代方案如何？

策略層面之模組

供應鏈策略規劃模組
規劃內容包括產品發展、行銷、製造、人力資源、財務等策略。

供應鏈網路規劃模組
主要內容在決定客戶服務中心、配銷中心、倉庫、生產工廠、供應商的數量、位置、規模大小及相互之間的連結關係。

供需整合層面之模組

1. **需求規劃與預測模組**：係為產生即時且正確的顧客需求資訊，以求在採購、生產、配銷等規劃能有效整合。

2. **銷售與作業規劃模組**：提升營運效益及增加收益。

3. **供應鏈規劃模組**：在整合供應鏈上所有生產與配銷部門，以達到供應鏈的同步化作業。

4. **供給規劃模組**：根據各生產部門之物料與產能的供給情形，規劃物料採購與產品製造計畫。

5. **存貨規劃模組**：內容主要是不同時期的存貨計畫（包括存貨水準及存貨存放位置的規劃）。

6. **配送規劃模組**：目的在以追求最低的配送成本下，快速回應顧客的需求。

7. **運輸規劃模組**：目的在追求最大的運輸效益。

現場作業層面

現場作業排程模組：考量現場的工作人力產能、負荷、可用物料等資源限制與已確定訂單進度。

出貨排程：目的在於能正確快速地將產品送至顧客手中。

可允訂貨數量模組：依賴供需整合層面及現場作業層面之各模組的配合，才能真正有效快速地回應顧客的需求。

Unit 2-16
先進規劃與排程系統 (3) ──功能與規劃技術

一、功能

(一) 智慧型規劃與排程能力

1. 功能模組：APS 能提供功能強且具前瞻性的功能模組。
2. 需求模型及需求優先權
3. 存貨模型：APS 系統中之存貨模型。

(二) 資源調整之一致性

(三) 穩定性規劃

二、APS 系統常用之規劃技術

(一) 模擬方法（Simulation-Based Approach）

模擬係利用由下而上的規劃方式，即是先詳細規劃各工作中心的作業順序，再確定整個工廠的生產計畫。它可達到較佳的設備使用效率，但卻不易做到整體最佳化的目標。因此，此模式較適合用於資本密集的產業（尤其是設備投資成本高的產業）。有限產能規劃（Finite Capacity Scheduling, FCS）即是此規劃技術之一。

(二) 數學模式（Mathematical Model）

此模式係利用數理規劃方法尋求最佳解。其作業方式是先建立企業實際運作狀況的數學模式，再依此模式進行規劃工作。

1. 參數與變數：參數係指建立模式所需輸入的基本資料，例如，每單位加工成本等。決策變數係指規劃人員所規劃及控制的項目，例如，訂購何種物品。
2. 限制條件：限制條件係指資源上的限制，又分為軟體限制與硬體限制。軟體限制係指規劃人員可以不遵循，但若不依規定則需支出相對較高的成本，例如，訂單交期限制。硬體限制係指規劃人員進行規劃時必須完全依照規定辦理，也就是一定不可違反之限制，例如，每天最大物料供應量、最大產能等。
3. 目標：目標設定包括營業額、利潤、存貨成本等項目。依企業的需求與原則，給予不同目標一定的百分比，以推算出符合企業需要的目標計畫。

此模式最適用的環境是重複性作業較多，且較為穩定的連續型程序式生產環境，例如，石化業。一般而言，數學模式的常見規劃技術包括線性規劃、基因演算法、人工智慧、經驗法則與類神經網路（neural networks）等。

(三) 網路模式（Network-Based Model）

網路模式是一種由上而下的規劃方式，主要在於決定各訂單在工廠內的流動方式；也就是規劃人員以整體立場進行規劃，以避免不同訂單在同一時間使用相同的生產資源所可能產生的衝突。其作業步驟是先決定各訂單在工廠內的流動方式，再決定各工作中心的詳細加工順序與物料配置方式。此模式適合的生產環境是以顧客訂單為主要考量的生產環境，如接單生產（Build-to-Order, BTO）、訂單式生產（Make-to-Order, MTO）的產業。常見的規劃技術為限制理論、限制條件滿足技術均屬之。

功能

智慧型規劃與排程能力

- 功能模組
  1. 自動化負載平衡演算法：利用功能強大之演算法，以自動化方式平衡企業各項資源。
  2. 替代性資源之規劃：利用獨特的演算法，可計算出不足的資源，並設法找到替代資源，並進行產能平衡處理。
  3. 供給限制：針對每一項物料或零組件的供給前置時間、最大供應量及合併採購的需求，均列入其生產模組中。
  4. 支援設計變更的功能：可依設計變更情形、物料限制等條件，進行設計變更物料規劃。
  5. 支援多工廠模型：對於多家工廠的企業而言，可依訂單處理分配、物料資源狀況等，支援各工廠之需求。
  6. 資源行事曆：每一項資源皆有其對應之行事曆，以規劃其產能利用狀況，避免資源之運用有所不當。

- 需求模型及需求優先權
  1. 預測訂單與確認訂單：APS 可事先將預測生產所需使用之物料，視為供給的一部分，如此便不致於造成重複購買的情形。
  2. 需求優先權：APS 當面對物料供給小於需求時，系統會自動將物料配置給優先權較高之訂單。而優先權之評估條件主要為交期、數量、優先權值等指標。

- 存貨模型
  常會考量下列項目：(1) 現有存量及在製品；(2) 已開立採購單；(3) 組裝零件同步協調規劃；(4) 安全存貨量之需求；(5) 批次移轉的排程法則；(6) 合併採購及合併工單。

資源調整一致性

- 確保不發生斷料 · 縮短前置時間及在製品庫存量

穩定性規劃

穩定性規劃係在處理兩個連續製程間的需求、物料供給及產能限制異動，主要目的在於將規劃期間之異動敏感度降至最低點。其功能為：(1) 將工單與保留物料數量連結在一起；(2) 指派給工單的生產線是否應保留；(3) 預先將現有存量保留給某些工單。

APS 系統常用之規劃技術

- 模擬方法　　　　　· 數學模式　　　　　· 網路模式

Unit **2-17**
EDI 與 VAN

一、EDI

（一）電子資料交換（Electronic Data Interchange, EDI）之定義：電子資料交換是希望在企業間的商業往來能透過電腦通訊作業，在人力介入程度最少的情形下，根據原先已設定之標準格式，自動傳輸資料、處理資料。它最大的益處是雙方可以在統一的商業文件上進行交易，且大量減少人力處理的過程，對於日常交易之效率及正確性的提升，極具助力。

（二）實施 EDI 應具備的條件

（三）EDI 作業程序

  1. 透過應用軟體將企業文件資料轉換為檔案結構，或使用套裝軟體直接將文件資料輸入，再轉換為檔案結構。
  2. 經由 EDI 翻譯軟體轉化為 EDI 標準訊息格式。
  3. 透過 MODEM 將訊息送至加值網路服務中心。
  4. 加值網路中心再將文件資料送至指定收件人信箱。
  5. 自 EDI 服務中心查詢是否存在新的商業文件。
  6. 由電子信箱將訊息傳回公司電腦內。
  7. 經由翻譯軟體轉換為檔案結構。
  8. 再由檔案結構轉換為文件資料。

綜合來看，EDI 是一種全球化的標準格式；EDI 是一種標準，而非電腦設備；使用 EDI 交換資料的企業，即是 EDI 標準的用戶；EDI 在資料傳輸過程中，可不必使用人工；EDI 之實施除具電腦等設備外，還需透過加值網路提供之 EDI 服務、EDI 的實施是愈多企業參與，產生效果愈大，尤其上下游之間的供應鏈建立。

二、加值網路（VAN）

（一）加值網路的型態

  1. 整合型加值網路：整合型加值網路為跨國性加值網路，具資源共享的效果。
  2. 資料型加值網路：將發送與送達的資料加以處理，例如，國內的財經學術資料庫網路、股票即時資訊系統等。
  3. 通信型加值網路：只進行資料傳輸及轉換，但不進行資料內容之處理。
  4. 基本型加值網路：以內線架設數據線路交換及分封網路服務。

（二）加值網路對企業的效益：一般而言，加值網路對企業可提供許多好處，業者依本身需要，可進行不同程度的導入。

1. 電子郵箱：提供交易雙方有一個安全緩衝區，且可解決時間上的差異。
2. 翻譯能力：具有不同標準格式或傳輸媒介，使交易雙方能有效溝通。
3. 作為彈性介面：可作為使用型電腦與通信硬體廠商溝通的工具。
4. 其他：(1) 協助 EDI 的建立；(2) 檢查資訊正確性；(3) 達到稽核報表與檔案儲存的目的；(4) 狀況報表和交易檔案能 24 小時不斷進行作業，有利於降低成本；(5) 可轉接至其他加值網路。

EDI

定義

在實務上，企業間透過電子資料交換的作業，企業在報價、採購、存貨管理、資金流通等方面，產生極大的功效。

電子資料交換對於企業與企業、企業內部、企業與子公司、分公司、關係企業間的往來，均可大大節省商業資料交換的時間及效率，對企業競爭力之提升有所助益。

實施 EDI 應具備的條件

1. 設置電腦及相關的硬體設備。
2. 具備通訊設備。
3. 需有 EDI 的作業軟體及翻譯軟體。
4. 找到提供加值網路公司提供 EDI 服務。
5. 商業往來夥伴之相互配合。

EDI 作業程序

VAN

型態

· 整合型加值網路
· 資料型加值網路
· 通信型加值網路
· 基本型加值網路

對企業的效益

· 電子郵箱
· 翻譯能力
· 作為彈性介面
· 其他

Unit 2-18
XML

由於電子商務時代的出現,使得整合電子資料交換格式的技術不斷推出。目前大家所熟悉網際網路的共同平台 HTML(Hypertext Markup Language)已成為基本架構,但是仍無法解決其他相關的問題,因此 XML 便被推出,作為統一電子資料交換格式的規範。最重要的主流是由 W3C(World-Wide Web Consortium)發表出來的 XML(eXtensible Markup Language)平台。使用 XML 取代 EDI 的目的是因為 EDI 存在許多缺點,包括:(1) 導入成本過高;(2)EDI 標準的制定過程過於冗長;(3) 導入 EDI 後的系統不易更改或升級;(4)EDI 需要特定的加值網路,作業成本過高。

一、以 XML 為基礎之相關應用標準

XML 是一種語法,因此若依據其定義及結構語法加以規範,再提供給某一特殊領域使用,即成為 XML 的一種應用標準。

(一)WML(Wireless Markup Language):WML 是在 WAP(Wireless Application Protocol)協定上所施行的檔案規格。WAP 是一種無線應用協定,作為行動電話或其他無線裝置的一種開放式之標準協定,由 Ericsson、Nokia、Motorola 等通信大廠提出,它類似 HTTP 協定。

(二)SMIL(Synchronized Multimedia Integration Language): 它 是 依 XML 規範,針對多媒體應用所制定出來的標準。它可以將多種不同的多媒體檔案整合成一個多彩多姿的多媒體播放檔。

(三)MathML(Mathematical Markup Language):它是依數學所定義的 XML 應用標準,主要係在規範數學符號的結構及內涵,以使數學類資料可在網際網路上被接收、處理等特質。

二、XML 在電子商務上之標準

(一)XML 垂直規範(Vertical Specification):此標準為針對各行業在電子商務作業上,因資料交換需求所訂定的各種企業與企業之間交易的電子化作業程序(business process)標準和商業文件格式(business document)。

(二)XML 水平規範(Horizontal Specification):此標準係作為跨產業、跨平台的電子商務基層資料交換處理標準,包括適合各產業的電子交換訊息結構、通訊協定,以及登錄和儲存機制。

(三)XML 基礎標準(Foundation Recommendation):此類標準為 W3C 所發展之標準,以提供 XML 基礎平台的相關標準,如 XML、XSLT、XML-Schema 等。

最上層的垂直規範,以各產業電子化作業流程整合的觀點,進行規劃以 XML 為基礎的商業文件格式和 B2B 的電子化作業程序標準。例如,ebXML 訂定完整的企業電子化作業註冊機制和儲存率的作業,使企業在跨行業的電子商務活動中,可以達到溝通互動的目的。

XML 的目標與 HTML 的缺點

目標

- XML 可直接使用於網路。
- XML 可支援各式各樣的應用系統及軟體。
- 處理 XML 文件的程式應容易設計。
- XML 必須與 SGML 相容。
- XML 之設計可迅速被規劃。
- XML 之設計必須嚴謹且符合規範。
- XML 文件容易產生。
- XML 之可選屬性應儘量避免，以減少該標準的不確定性。
- XML 之標籤不可過於簡單，以免不易被瞭解。
- XML 文件必須易理解且合理清楚。

缺點

- HTML 缺乏結構性的語法。
- HTML 缺乏彈性的語意。
- HTML 缺乏內涵訊息的能力（即是無法使讀者見到符號便可瞭解其意思）。
- HTML 不適合當作電子資料交換的格式（因為其檔案格式過於鬆散）。
- HTML 缺乏國際語言的溝通性。

以 XML 為基礎之相關應用標準

WML
WML 所撰寫之網頁，可使用 WAP 手機觀看，故 WAP 手機具有 WML 瀏覽器的功能。WML 也是基於 XML 的規範，所制定出來之應用標準。

SMIL
(1) 在整合多個多媒體檔案後加入即時顯示行為；(2) 在整合多個多媒體檔案後，可規劃這些檔案的播放層次；(3) 在多媒體檔案中加入其他多媒體物件之連結。

MathML
它的規範可作為數學編輯器內部之儲存格式。由於其融通性大，故未來有可能取代 LaTex。

XML 在電子商務上之標準

XML 在電子商務上之標準可分為三個層次，最上層為 XML 垂直規範（Vertical Specification），中層為 XML 水平規範（Horizontal Specification），最底層為 XML 基礎標準（Foundation Recommendation）。

XML 垂直規範
在這類標準中，最具代表性者為 RosettaNET（包括 IT、電子零組件、半導體等產業），其他尚包括 GCIP（含民生工業及流通業）、HLM（醫療產業）、OTA（旅遊產業）。這些標準之訂定牽涉產業的 Domain Knowledge，通常由產業公會組成的標準組織訂定而成。

XML 水平規範
此類標準係由產業標準組織或軟體廠商訂定，較著名者為 ebXML、Biztalk。

XML 基礎標準
在第三層 XML 基礎標準中，XML 基礎平台可發揮電子資料文件在跨媒體和跨平台的整合能力。由於 XML 具有良好的擴充性，故其應用範圍不只在電子資料交換，其他如網頁資訊和資料庫之整合，XML 文件亦扮演雙方轉換之功能。也就是在第三層 XML 基礎平台下，可以進行企業內部所有資料文件與媒體之整合。

Unit **2-19**
電子商務平台技術 (1) ——開發方法與功能

企業在推動電子化 SCM 時，其實面臨許多困擾，尤其是同時使用多個系統作為營運及決策之用，因為它造成使用者學習上的壓力；而且如何使系統具備彈性、快速開發與建置的特性，對企業而言是一項挑戰。

一、應用系統開發方法

(一) 元件再利用方法之導入：傳統應用系統之開發包括需求分析、系統開發及系統測試，只要是開發下一版或其他系統，則其步驟便需重複一次；尤其是系統開發及系統分析階段，工作負擔更是沉重。因此若開發人員能採用元件再利用方法進行開發，則開發工作將大幅簡化。需求分析時，可先從元件再利用率，選擇符合使用需求的軟體元件進行訪談，並依其結果加以修改；在系統組裝作業時，只需撰寫小部分程式，如 Script 語言，將各元件組合，再進行系統測試。

(二) 正規化的物件導向分析與設計（OOA / OOD）處理程序方法：一個團隊在開發過程中，應採取統一程序（例如，Rational 公司所使用的統一程序），如此可使開發團隊因使用熟悉且經驗證的統一程序，容易成功開發一套複雜的應用系統。

(三) 可資遵循之企業邏輯開發準則：企業在開發應用系統時，若缺乏可資遵循之企業邏輯開發準則，可能會發生企業邏輯重複開發，以及企業邏輯與人機介面程式混合開發而造成不易維護的情形。

(四) 一套可供參考的團隊合作工程方法：應用系統開發若缺乏一套團隊合作工程方法，將使應用系統在團隊分工作業下完成，可能面臨使用不同版本的原始碼，且客戶所提出不同版本的問題。

二、應用系統開發功能

應用系統開發的功能在考慮上應至少注意三大方向，包括 Internationalization、Workflow、Application Partition。

(一) Internationalization：在全球化的時代，世界各地因國家、種族、文化之不同，造成使用者不同的需求，因此，應用系統上必須考量到各種語言之轉換、各種貨幣之相互兌換，以及各種資料的運籌等繁雜的工程。
若發生上述三種情形之一時，將對企業產生甚大衝擊。所以，我們的應用系統開發平台應是 XML-based 開發環境，所有的訊息交換、參數和資料傳遞，都是以 XML 及 Unicode 的標準編碼來描述，以求快速與其他軟體或標準進行整合。

(二) Workflow：現在的應用系統係以使用者自行選擇系統選單來完成一件任務中的片段工作。因此，應用系統之開發若能以畫面配合工作流程定義，將有助於系統管理者有效管控企業的作業流程，並追蹤及監控每件事的作業進度。

(三) Application Partition：目前應用系統之設計只利於單一對象使用，未來應在網路上使同性質的對象共享資源，或利用元件的共用，切割出所需要的應用程式，以達應用程式與元件之共享目的。

應用系統開發方法

元件再利用方法之導入
優點如下：

- 提高生產力。　　　　　　　　· 降低成本。　　　　　　　　· 加速產品上市速度。
- 增加軟體品質與系統的可靠度。
- 有效管理技術研發風險，降低專案失敗率。
- 減少系統開發與維護時間。

正規化的物件導向分析與設計處理程序方法
容易成功開發一套複雜的應用系統。

可資遵循之企業邏輯開發準則
若有可資遵循之企業邏輯元件開發準則（Business Object Programming Guideline），作為企業邏輯元件開發之依循，將能快速回應使用者需求，且在隨機調整企業邏輯流程的情形下，並不會影響系統的穩定與效能。透過一個視覺化工具，利用簡易操作，將各企業邏輯元件以隨插即用的概念結合，將可組成完整的企業邏輯流程（Business Object Flow），才能因應未來的商業經營模式之需。

一套可供參考的團隊合作工程方法
即使是單一版本，亦不易應用在其他版本上，這對應用軟體開發與軟體生命的延續，將產生不佳的負面影響。

應用系統開發功能

Internationalization
若在設計系統上未能充分考量，則會產生下列的狀況：

- 資料交換可能產生不一致的情形或有誤差狀況。
- 系統軟體延展性不足，不易至國外市場使用。
- 各種不同版本的使用，造成人力、時間等資源的大量耗損。

Workflow
目前的工作方式可能面臨下列困境：

- 無法有效監控工作進度與狀態，但同時不易在問題產生時找到面臨的瓶頸或困境。
- 許多繁雜的操作過程需長時間的訓練與培養，造成員工心理沉重的負擔。
- 銜接每一個步驟所投入之時間及人力成本過大。
- 同產業或公司內相近流程雖經分析與檢視，仍不易被再利用。

Application Partition
此種趨勢甚有利於應用系統服務提供者（Application Service Provider, ASP）之發展。

Unit **2-20**
電子商務平台技術 (2) ──應用系統開發架構

一、Framework
許多應用系統均需面臨元件整合的縝密思考與設計。

二、Scalability
當應用系統之服務延展能力不足時，將使得連線的服務無法負擔龐大的需求。同時，應用系統體質不佳，因無法增加更多的 Web Server、Application Server、Database Server 而無法解決負荷不足的問題。

三、Portable
開發符合 JIEE 平台之元件與應用程式，將可隨意選擇不同的 Application Server 來提供服務。

四、Cross Platform
選擇企業的作業系統之關鍵因素，是作業系統應符合所建置的應用系統需求，尤其跨平台機制更是有利於作業系統的架設彈性。

五、Client Independent
應用系統應將 Model、View 和 Control 之間的關係予以清楚分割。

六、Integration
整合此部分是應用系統開發架構最重要的考量原則，因為新舊系統間之整合、不同系統間之整合均具高度的挑戰性，所以為達到有效整合的目的，應使應用軟體開發更有效率及生產力。SCM 應用系統開發平台應具備下列特性：

(一) 提供開發團隊一份軟體開發指南：其內容包括：開發環境安裝與設定作業準則、程式編譯環境建置與版本管理作業準則、程式撰寫命名原則、元件測試程序方法、元件部署程序等。

(二) 透過一個標準且簡單的介面，使系統開發者取得平台所提供的服務：其內容包括：提供開發系統所需之共同服務，如多國語言、電子郵件、編號元件；一致且支援主要資料庫系統的資料存取機制等。

(三) 提供以元件為基礎架構之可再利用系統開發模式：其內容包括：MVC（Model-View-Controll）設計開發模式；提供即時、隨插即用及以流程為基礎的設計模式；提供容易且具彈性的元件整合機制等。

(四) 提供國際化機制：其內容包括提供匯率管理機制與提供時區轉換機制等。

(五) 支援不同種類的用戶端裝置：其內容包括自動檢查用戶端使用裝置的種類等。

若 SCM 應用系統開發架構能符合上述功能，則可獲得下列效益：1. 當 Business Model 及 IT 環境改變時，能快速回應；2. 能整合企業現有資訊系統；3. 可因應不同的需求，選擇適合的系統或軟體業者；4. 提供完善的安全機制；5. 對 Business Workflow 能有較佳的彈性及適應性。

應用系統開發架構

Framework

在缺乏良好平台的基礎建設下，系統開發者將無法專心於問題之解決，而必須分心處理安全、交易、儲存、資源管理等重複性問題上，如此將無法因應快速變遷的新商業模式。

Scalability

採取分散負擔的做法是最簡單且實用的方式。

Portable

保持高度的彈性，使得應用系統因不同需求而選擇適當的 Application Server，不必指定特定廠牌的 Application Server。

Cross Platform

開發應用系統可視應用需要、環境限制及硬體配備來選擇作業系統，而不必指定某特定品牌的作業系統。

Client Independent

以使企業邏輯不必因前端人機介面（如 Web Browser、PDA 等）之不同而必須重寫，可節省成本且易於管理。

Integration

1. 提供開發團隊一份軟體開發指南
2. 透過一個標準且簡單的介面，使系統開發者取得平台所提供的服務
3. 提供以元件為基礎架構之可再利用系統開發模式
4. 提供國際化機制
5. 支援不同種類的用戶端裝置

Unit **2-21**
網路通訊相關技術

一、整合式網路技術

（一）VoIP in LAN：區域網路的頻寬加上 wire-speed 交換／路由器之技術都很成熟，所以，良好的語音品質沒有問題。但是由於語音封包與數據是在同一網路上傳輸，可能在短時間內造成壅塞，解決的方法是對語音封包與數據資料封包給予不同的傳輸優先權。

（二）用戶接收網路── VoDSL：Voice over xDSL（VoDSL）係針對用戶接收網路需求所提出的一套整合語音數據傳輸的方案。

（三）服務品質保證功能（Quality of Service, QoS）：IP 為網際網路主要通訊協定原因是僅提供 Best、effort 的封包傳送方式。

二、虛擬私有網路技術

（一）虛擬私有網路之定義：所謂虛擬私有網路（Virtual Private Network, VPN），是利用 Internet 建構企業的私有網路，此類技術即是虛擬私有網路。VPN 與實際網路的連結方式，和傳統的私有網路連結方式不同，故稱之為虛擬的私有網路。

（二）VPN 的 Tunneling 技術：Tunneling 技術係將兩個區域網路之間或遠端使用者與公司內部網路之間，建立一個虛擬的通道。

（三）VPN 的安全技術：VPN 的安全技術不僅是保護資訊的隱密（Confidentially）不被第三者竊取外，同時需保障網路傳送內容不會被篡改，即是資料一致性（Integrity）。第三個便是資料來源和驗證（Authentication），即是確定資料不是來自公開網路上第三者所傳送，以達到如專屬封閉式私有網絡一樣的安全。就保密性而言，IETF 在設計下一代 IPv6 時，即提出相關的安全保密架構，後來獨立成為「網際網路層安全協定」（IP Security Protocol, IPsec），主要是提出一個簡單可行的安全保密架構及相關的資料封裝機制。目前版本已加上自動金鑰交換機制與新增身分驗證及加密演算法，IPsec 的架構至此已算比較完整。

（四）Policy-Based 網路管理技術：傳統網路管理必須透過各個介面，對各網路設備予以逐一設定，並從各種不同的工具蒐集資訊、監控系統。但在 VPN 的技術將遠端各處之區域網路連結後，目前網路管理則是需要兩個新的、簡便、具擴充性的管理模式。國際組織 IETF 推動的 Policy-Based Network Management，正是此新解決方案。

總之，Policy-Based Network Management 的運作模式，是一種「集中管理、分散執行」的概念。

整合式網路技術

VoIP in LAN

區域網路中的交換器或路由器支援 802.IP、RVSV／SBM 或 DiffServ，以保障語音封包之傳輸而不受其他封包所影響。Voice Gateway、Ether Phone 與 PC 所產生的封包將加註 DSCP，供交換器或路由器辨識；Access Router 則支援頻寬管理功能，以解決頻寬瓶頸問題。

用戶接收網路 —— VoDSL

目前 VoDSL 的推廣，主要仍受限於其中 IAD 與語言閘道器之間的 Signaling 溝通方式尚無標準。IAD 的廠商必須取得 Jetstream、Coppercom 等大廠取得授權。

服務品質保證功能

國際組織 IETF 近年來嘗試在 IP 網路上增加服務品質保證功能（QoS），這也是新一代整合式網路中所必須的功能。

虛擬私有網路技術（VPN）

定義

利用 Internet 建構企業的私有網路，它與實際網路的連結方式，和傳統的私有網路連結方式不同。

其優點包括：(1) 具擴充性能力；(2) 初期建置成本低；(3) 傳輸費用已由長途性變為區域性，故較為便宜；(4) 增加或減少傳輸對象均相當便利；(5) 傳輸對象可遍布全球各地。

· VPN 的 Tunneling 技術

· VPN 的安全技術

　　它所提供的安全保密服務包括：(1) 資料內容保密性（Confidentiality）；(2) 非連線模式保證（Connectionless Integrity）；(3) 資料封包來源身分驗證（Data Origin Authentication）；(4) 資料封包複製攻擊保護（Anti-Replay）；(5) 部分的流量資料保密性（Limited Traffic Flow Confidentiality）；(6) 存取控制（Access Control）。

· Policy-Based 網路管理技術

　　Policy-Based 網路管理技術希望達到下列目標：集中式管理，降低作業成本；管理工作自由化，簡化工作時間；介面一致化，以減少介面數量，有利成本下降；管理資料抽象化，跨設備的共通化。

Unit 2-22
線上資金流通技術

一、B2C 金流

B2C 市場主流的付款機制是信用卡，這是由 Visa 和 Master Card 兩家全球最主要發卡組織所主導。

（一）SET（Secure Electronic Transaction）：SET 是用來保護消費者在開放型網路（如 Internet）持卡付款交易安全的標準。由 Visa、Master Card、IBM、Microsoft 等公司聯合制定，運用 RSA 資料安全的公開金鑰之加密技術，以保護交易資料的安全與隱密。

　　1. 電子錢包（Electronic Wallet）：係為一電腦軟體，主要用來讓消費者進行電子交易與儲存交易紀錄。

　　2. 電子證書（Digital Certificate）：電子證書是 SET 的核心，它提供簡易方法，確保進行電子交易之雙方可在互信基礎上進行交易。

　　3. 認證中心（Certification Authority）：為公正、公開的代理組織，接受持卡人、特約商店及銀行申請。

　　4. 付款轉接站（Payment Gateway）：為一裝設在收單銀行的伺服器，可將特約商店伺服器經由 Internet 所送來的訊息，轉為收單銀行處理信用卡授權交易之訊息格式，以方便後續的處理。

（二）SSL（Secure Socket Layer）：安全編碼技術（SSL）係由 Netscape 首先發表的網路資料安全傳輸協定，它利用公開金鑰的加密技術（RSA），作為用戶端與主機端在傳送機密資料時之加密通訊協定。目前 SSL 技術已被大部分 Web Server 和 Browser 廣泛使用，它的使用方法比 SET 簡單。

（三）ATM 轉帳：ATM 的付款方式成為消費者在線上付款上的另一種選擇。

二、B2B 金流

（一）FEDI：FEDI 是企業與銀行間，透過一個標準的資料格式與通訊網路，進行匯款、轉帳、資金調撥等各種金融電子交易，其目的在於利用電腦與通訊技術，將銀行的服務直接延伸至企業客戶端。

FEDI 採用數位簽章（Digital Signature）技術，再配合 IC 卡將私鑰（Private Key）存於卡內，使他人無法盜用。

（二）E-Factoring：銀行為使廠商有安全的交易環境，故提供 Factoring 業務，以協助廠商分擔風險。對於國際貿易上的賣方在交易過程中所產生之應收帳款，它可將此應收帳款之債權轉移給帳款管理商（Factor），由管理商承擔買方信用風險，並提供催收貨款之帳款管理及資金融通服務。

B2C 金流

SET

- 電子錢包
- 電子證書

  其運作方式是由一個公正的單位擔任認證中心簽發電子證書給銀行，持卡人和特約商店、電子證書的基礎是密碼，即是設計一組成對的加密／解密的數位碼，供持卡人的電子錢包和商店的交易系統使用，電子證書便是用來確認這組密碼使用者的身分。

- 認證中心

  會同發卡及收單銀行核對其申請資料是否一致後，發放電子證書給申請人，並負責電子證書之管理與取消等事宜。

- 付款轉接站

  付款轉接站同時具有防止未授權使用者及資料進入的功用。

- SSL

  使用 SSL 的加密技術，可允許線上消費者在未裝設任何額外軟體及設定的情形下，即可進行交易。而且透過 SSL 加密的機制，可將傳送前的交易資料加密，以確保資料傳輸的安全性。

- ATM 轉帳

B2B 金流

- FEDI

  在 Internet 的安全上仍有疑慮的情形下，FEDI 作業應採專屬封閉式的專屬網路環境，應是較安全、成熟的電子支付環境。利用 FEDI，企業可以與主要銀行連線，或經由加值網路同時與多家銀行進行付款或資金調撥作業。

- E-Factoring

  這一套完整的作業係在線上作業，所以被稱為線上應收帳款承購，它已逐漸成為國際貿易付款方式的主流之一。

Unit 2-23
資訊安全技術

在今日資訊安全受到極大的關切下，吾人有必要瞭解在資訊安全需求上，有哪些是最重要的考量因素，包括：(1) 多樣化之交易連線型態；(2) 有效的資訊安全系統內控機制，可支援各種需求變化；(3) 資料私密及網站防護，防範非法竊取及入侵；(4) 彈性化的資料交換安全控管，分級分層權限設計機制；(5) 支援安全稽核及事後稽核作業、內建稽核紀錄等。

一、資訊安全技術分類

從技術層次大致可區分為交易安全、網路安全、主機安全與密碼技術等。

每一安全層次均有相當複雜的技術範圍，但密碼技術則為各層安全控制之基本核心，加密演算法及加密長度則是安全強度關鍵之所在。

二、密碼學演算法

在網路上交易的安全問題，目前均用密碼學演算法來處理。依功能性之不同，常用的密碼學演算法分為三大類：

(一) **資料摘要產生**：係將一大段的資料透過資料摘要演算法萃取，可作為其代表的一小段編碼。

(二) **資料加密**：可將原本資料作亂碼處理而成為無法識別的密文型態，又區分為對稱與非對稱兩種系統。

真正在實務應用上，個人金鑰與公開金鑰系統已混合在一起使用，而產生所謂的數位信封（Digital Envelope）的觀念。

(三) **數位簽章**：即是資料送方可將該資料作處理，以產生一電子編碼，供資料收方驗證送方的身分。目前最常使用的演算法即是為非對稱式密碼系統中的 RSA 與 DSA。

三、數位憑證技術應用

非對稱性密碼系統在資料加密及數位簽章上之應用，可提供資料隱密性、完整性、辨識性及不可否認性的安全保護功能，是目前最重要的資訊安全保護技術。

CA 認證中心所簽發的憑證，其功能除可將使用者身分與公開金鑰連結在一起，以作為身分識別之外，憑證內的資料欄位也可配合應用系統之需作一些變化，而提供不同的功用，例如，作為客戶存取控制之依據。

四、交易安全技術產品

(一) **SSL（Secure Socket Layer）**：安全編碼技術的提出，主要目的在於提供網際網路上可信賴的通訊服務、資料保密服務與身分辨識等功能。

(二) **SET（Secure Electronic Transaction）**：SET（安全電子交易協定）是由 Visa、Master Card 推出的網際網路信用卡付款機制，主要在提供一安全的網路信用卡付款環境，以保障其電子交易。

資訊安全技術分類

- **交易安全**
  包括：FEDI 安控軟體、SSL 安控軟體、小額支付安控系統、Web 安控中介系統及 CA 認證中心建置技術等。

- **網路安全**
  包括：防火牆（Packet Filtering、Application Gateway）及 VPN 虛擬企業網路（IPsec、Tunneling）。

- **主機安全**
  包括：作業系統安全、病毒防範及 Web 主機存取控管等。

- **密碼技術**
  包括：DES、RSA、MD5、SHA-1 及 AES 等。

密碼學演算法

- **資料摘要產生**
  一般所謂對資料作電子簽章，實際上是對該資料摘要作簽章運算，以增進處理速度。常見之演算法有 MD5 及 SHA 等。

- **資料加密**
  即是利用非對稱式系統來加密一把對稱式系統所使用的祕密金鑰，再用該祕密金鑰以對稱式密碼系統來加密真正的大量資料，待對方接收到數位信封，先以自己的私鑰解開祕密金鑰，再以該祕密金鑰解得真正的資料明文。

- **數位簽章**

數位憑證技術應用

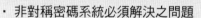

- **非對稱密碼系統必須解決之問題**
  (1) 當驗證者（收方）從公開的地方取得簽署者（送方）的公鑰時，他要如何判別所取得之公鑰確定屬於簽署者？(2) 當驗證者以所取得的公鑰驗證數位簽章無誤後，要如何確保簽署者無法否認該項簽章？

- **CA 認證中心功能**
  包括：(1) 接受用戶的憑證簽發、更新與中止、申請，並進行相關處理；(2) 將 CA 所簽發之憑證與中止清單（Certificate Revocation List, CRL）存檔，並建置憑證資料庫；(3) 提供查詢介面；(4) 提供憑證相關的證據資料，以協助仲裁單位處理糾紛。

交易安全技術產品

- **SSL**
  通訊雙方所建立之連線是隱密的；通信雙方可互相作身分辨識；通訊是可信賴的，訊息傳遞時會同時傳送資料完整性檢查的資料辨認。

- **SET**
  SET 基本上是利用非對稱密碼系統達到認識目的，並結合對稱式密碼系統來作加密保護。

Unit 2-24
RFID

　　無線射頻識別（Radio Frequency Identification, RFID）在全球最大零售業 Walmart 的推動之下，成為全球矚目的議題，而 Intel、Microsoft、Sun 等大廠也投入 RFID 技術的研發。尤其它在物流管理的應用，更受到企業界的重視。

　　RFID 是一種內建無線電技術的晶片，晶片中可記錄一系列資訊，包括產品別、位置、日期等，最大好處是可以提高物品的管理效率。目前物品資訊都記錄在條碼上，再以掃描器掃描條碼取得資訊，RFID 只需在一定範圍內感應，便可一次讀取大量資訊。它並非全新技術，近年來有效運用，使得它成為企業界重視的項目。

　　RFID 利用無線電波傳送識別資料的系統，具有可發射無線訊號晶片的標籤，主動或被動地將訊息傳送至讀取器，接著再由讀取器傳遞至伺服器進行整合。

一、RFID 的組成

（一）**標籤**：RFID 中的任何一個標籤都具有獨一的電子編碼，它附著在物體上標識目標對象。一般而言，它又可分為主動標籤與被動標籤兩種。主動標籤係指本身具備電力供應設備，可支持其運輸及訊號接收的工作，讀寫距離較遠，故亦稱之為有源標籤。被動標籤則是透過閱讀器產生的磁場，取得工作上所需的能量，使用壽命較長；它比主動標籤更小且更輕，讀寫距離亦較短，故稱之為無源標籤。

（二）**閱讀器**：閱讀器係為讀取高頻電磁波傳遞能量與訊號的工具，一般它對電子標籤的辨識速度每秒可達 50 個訊號以下。它可採用無線或有線方式，與應用系統進行聯繫。

（三）**系統應用軟體**：RFID系統必須結合各種應用軟體，始能真正發揮其功效，常見者包括資料庫管理系統等。

二、RFID 在物流管理上之運用

（一）**收貨方面**：在收貨方面，RFID 可消除繁複的處理程序，可以自動化方式進行檢查，節省貼條碼的時間及減少貼條碼的錯誤，進而提高其收貨處理的正確性。而物流中心根據供應商的出貨資料，利用電子資料處理，加速收貨過程。另外，可節省從卸貨碼頭至貨倉的時間，且增強貨物辨識功能。

（二）**揀貨方面**：RFID 在揀貨上能減少許多人力負擔，因為揀貨最耗費人力，且最易出現錯誤，故在減少貼標籤及掃描的動作後，自然不必投入太多人力在揀貨上。另外，可免除傳統的檢查、查帳作業，有利於物流管理的正確性。

（三）**送貨方面**：使用 RFID 將在送貨過程中，獲得即時資訊。由於 RFID 在產品可見度、正確性高，可避免訂單錯誤的問題，以減少客戶抱怨及退貨情形。

RFID 的組成

標籤　　　閱讀器　　　系統應用軟體

優點

縮短貨物揀貨時間
貨物揀貨時間縮短，有助於減少運送至顧客的時間，而且具保全功能。

快速進行貨品盤點
RFID 能迅速有效的盤點物品的庫存數量與種類，而且運送過程受到層層追蹤。

防止零售業者銷售未經核准的商品
利用 RFID 能有利自動化流程的運作，防止零售業者銷售未經核准的商品。

提高及時庫存作業能力
RFID 能明確指出貨品在棧板或儲位位置，減少在倉儲上的人為錯誤狀況。

縮短商品結帳流程
RFID 能在同時間、有效範圍內讀取多筆標籤，縮短商品結帳流程。

有利於保護廠商商標及智慧財產權
RFID 具有認證及防盜功用，可減少大量仿冒品的出現。

RFID 優於條碼之處

資料辨讀更為容易：RFID 標籤只要在無線電波的範圍內，即可傳送訊號。

資料儲存量大：RFID 標籤目前最大容量可達數 Megabytes。

同時讀取多筆資料：RFID 的閱讀器可同時辨讀多筆資料。

資料可進行更新：RFID 標籤可不限次數進行增刪標籤內儲存的資料。

可重複使用：RFID 標籤因本身資料可更新，故可重複使用。

具較高安全性：RFID 標籤在讀取上有密碼保護，具較高安全性。

RFID 在物流管理上之運用

收貨方面　　　揀貨方面　　　送貨方面

Unit 2-25
個案：RFID晶片是供應鏈管理科技之利器

條碼的用處雖然很多，但是它不能告訴店家產品來自何處、是什麼時候被顧客從架上取下、甚至何時被顧客拿下來看後又放回去。這些資訊可經由一種稱為「無線電頻識別」（RFID）的晶片來告訴你。

RFID技術係由微小電子標籤和電子辨讀機組成，電子標籤可儲存大量即時資訊（新資訊可覆蓋舊資訊），並利用天線將各種無線電頻傳送至電子辨讀機。電子標籤和辨讀機之間能自動傳輸資訊，不必像條碼系統必須依賴人力介入。因此，不必開箱查驗，辨讀機便可自動對貨櫃是否準時到達港口或機場、內含品項是否正確、產品是否經過變造等進行確認。

應用RFID的情形日漸普遍，Benetton集團開始在成衣產品上，加上比米粒還小的RFID「智慧標籤」，用來追蹤從製造到銷售點各過程的產品情形。而提供RFID晶片給Benetton集團之飛利浦公司，更是出售用於大眾運輸系統智慧卡的RFID晶片達5億片。

RFID較條碼有更多的優勢，例如，產品過期或售完可一目了然，使貨架空間有效運用；甚至哪些產品被拿起後又放回去，均可知道，以作為改進設計或促銷方式之依據。

RFID具有降低供應鏈成本的優點，但由於其本身之成本過高，再加上技術標準雜亂，都是其必須克服的問題。其成本至少必須從每片25至40分美元，若能降至5美分左右，才可能被業者普遍接受。所以，RFID的技術標準未明確與安裝RFID晶片成本未降低以前，RFID仍不易普及。

問題

若貴公司的產品係屬高價位產品，您是否會考量使用RFID晶片？理由何在？（請自行設定產品類別，因為產品不同可能也會有不同的看法。）

資料來源：林郁芬，RFID晶片，供應鏈管理科技新寵兒，經濟日報，2003.04.06。

電子標籤和辨讀
機能自動傳輸資訊，
不必依賴人力介入

自動對貨櫃是否準
時到達港口或機場、
內含品項是否正確、
產品是否經過變造
等進行確認

用來追蹤從
製造到銷售點各
過程的產品情形，
如 Benetton 集團在
成衣產品上之應用

問題重點提要

貴公司的產品屬於高價位產品，
您是否會考量使用 RFID 晶片？

理由何在？
（不同產品因特性差異而會有不同的看法）

Unit 2-26
個案：先鋒電子公司供應鏈之整合

　　先鋒電子公司是一家日本的全球化電子消費品公司，面對激烈的市場競爭，決定進行整合整個供應鏈，且制定明確目標，包括削減庫存、庫存風險明細化、降低生產銷售計畫週期等。

　　公司透過對需求變動原因的蒐集和分析，制定高精確度的銷售計畫；同時透過縮短計畫和週期（尤其是銷售計畫和生產週期），以達到削減庫存的目的；透過客觀指標的需求預測模型，運用統計方法所得的需求預測；反映銷售意圖的銷售計畫分離的機制，達到庫存風險的明細化；透過系統引入，推動預測、銷售計畫業務的效率化，各業務單位生產銷售計畫標準化、共享化，作為制定未來銷售拓展計畫，進而達到生產銷售計畫週期的降低。

　　在完成上述設計後，關鍵的是在組織和流程方面進行全面的重新確定。組織方面，重新設計和計畫決策部門的職能，劃分需求預測和銷售計畫的職能；業務流程設計方面，設計能實現每週計畫的業務流程，並建立以統計預測為前提的需求預測流程、獨立需求預測流程、和銷售計畫流程。由於組織和流程的保證，使得整體設計得以順利實現。

　　上述準備工作完成後，先鋒電子在系統中建構新生產銷售流程。公司基於零售實際業績的預測模型和產品競爭力、季節性、需求變動要素等的統計預測，設計新預測模型，進而在系統中建構新生產銷售流程。這一流程主要基於統計預測的需求預測系統，實現需求變動資訊的累積功能，及月、週生產銷售精細計畫的功能，並針對需求預測和銷售計畫之間的差異進行管理，且可達成批量處理的需求預測、銷售計畫、生產計畫等方案的優質化。整合上述做法後，得以確保新生產銷售流程順利進行。

　　先鋒電子依賴系統制定出綜合多方因素的銷售計畫，並透過生產、銷售計畫編製精確度的提高，使得原材料等物料的採購提前期從 4 天減少到 2 天。

問題

先鋒電子在進行供應鏈整合時有哪些值得參考？試論之。

資料來源：www.58cyjm.com

個案情境分析

整合整個供應鏈

制定明確目標：削減庫存、庫存風險明細化、降低生產銷售計畫週期等

設計內容包括：要求變動原因之蒐集和分析、縮短計畫和週期、進行要求預測、建立銷售計畫的分離機制、推動預測及銷售計畫的效率化等

組織和流程全面重新確定

建構新生產銷售流程

原材料等物料採購提前期，從4天減少至2天

問題重點提要

先鋒電子公司在供應鏈整合時的做法值得參考

試論之

Unit 2-27
個案：中國大陸怡亞通供應鏈

圖解供應鏈管理

140

　　怡亞通創立於 1997 年，是中國市場上最早涉足供應鏈服務領域的企業，目前已為 1000 多家知名企業提供專業的供應鏈解決方案，其中知名的企業有 CISCO、GE、INTEL、HP、P&G、雀巢、聯想等跨國企業。已經成功進入 IT、通訊、醫療、化工、家電、服裝、安全防護等行業，其市值已接近千億元人民幣。

　　2009 年之前，該公司主要幫助中國大陸企業進行全球採購、銷售。後來很多企業模仿此商業模式，競爭逐漸白熱化。為此，怡亞通開始以快速消費品領域作為轉型。

　　怡亞通體系內的倉儲、運輸資源，都由怡亞通進行統一管理。全方位資訊化物流中心是基於無線終端技術的深度分銷倉庫管理系統，從倉庫佈局、入庫及退貨、出庫及揀貨、移庫、盤點到物流人員 KPI 實現一貫化管理，其目標是通過流程設計、流程執行、資料分析、評估結果、成本預估目標等規劃與設計。

　　怡亞通將效率供應鏈服務，轉型為增值供應鏈服務。過去只協助品牌商降低成本，現在則幫助他們尋找更多的下游客戶，增加其品牌覆蓋率。對中小型下游客戶，怡亞通免費開放資訊化平台，提出分銷通路和採購來源。透過「380 平台」和各式供應鏈增值服務，怡亞通充分掌握上下游供應商和零售商資源，這是怡亞通成功的基礎。

　　快速消費品流通行業是一個很分散的行業，產品從供應商到零售門店，往往要經過多層級的分銷傳遞，增加中間環節的成本，降低消費者的購買力，也降低廠商的競爭力。因此開始打造一個由廠商直供到各類零售終端店的深度分銷及分銷服務「380 平台」（380 平台：中國大陸 380 個城市鋪開建設分銷、運輸、倉儲等全套體系），整合所有中間環節，使供應商產品直達零售門店。2015 年怡亞通已經建立覆蓋 220 多個城市、近 100 萬家零售門店、150 萬平方米倉儲、4,000 台車輛、10 萬個 SKU 的「380 平台」網路，2015 年營收達到 300 億元人民幣。

問題

「380 平台」有何特色？有否改善空間？

資料來源：海麗梅，物流技術與戰略雜誌，第 77 期，2105 年 10 月。

個案情境分析

怡亞通為全球1,000多家知名企業提供專業供應鏈解決方案

↓

體系內倉儲、運輸資源均統一管理

↓

全方位資訊化物流中心是無線終端技術的深度分銷倉庫管理系統

↓

效率供應鏈服務轉型為增值供應鏈服務

↓

透過「380平台」和各式供應鏈增值服務,掌握上下游供應鏈商和零售商資源

問題重點提要

380平台具哪些特色?

有否改善空間?

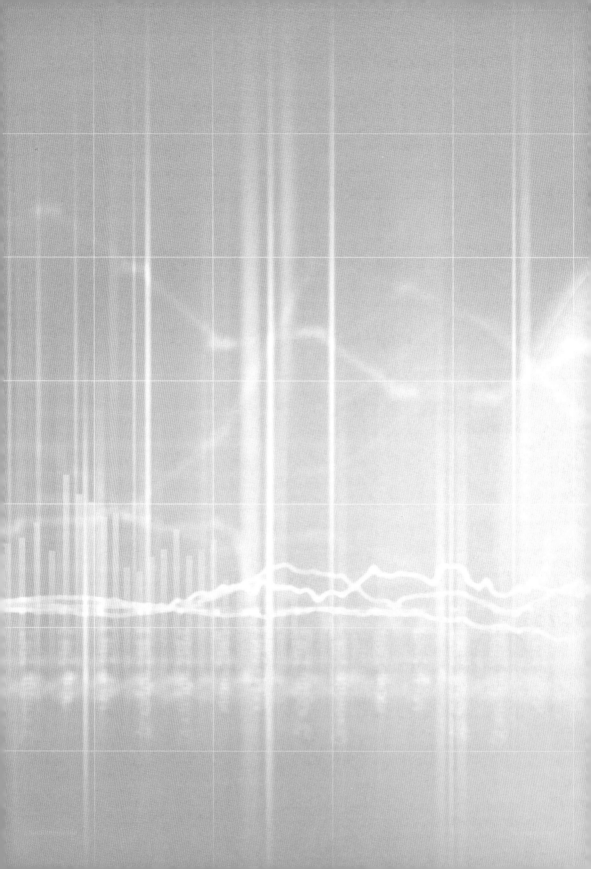

第 3 章
供應鏈管理之協同作業篇

章節體系架構

Unit 3-1
個案：美國物流資訊化

　　美國企業物流面臨包括需要更多全球性物流服務、物流服務需具備良好的靈活度，以適應企業內部和外部各種因素的變化等，透過降低物流成本，改進客戶服務，提高企業的競爭能力等問題。美國在物流資訊化方面做了許多努力，說明如下：

一、企業之物流資訊化

1. 普遍採用條碼技術（Bar-Coding）和射頻識別技術（RFID），提高資訊蒐集效率和準確性；採用網際網路的電子數據交換技術（WebEDI），進行企業內外的資訊傳輸，達到訂單登錄、處理、追蹤、結算等業務無紙化目標。
2. 廣泛應用倉庫管理系統和運輸管理系統提高運輸與倉儲效率。
3. 透過與供應商和客戶的資訊共享，達成供應鏈透明化之目的；並運用 JIT、CPFR、VMI、SMI 等供應鏈管理技術，實現供應鏈夥伴之間的協同合作，以「資訊替代庫存」，降低供應鏈的物流總成本，提高供應鏈的競爭力。
4. 利用電子商務降低物流成本。

二、物流企業之資訊化

1. 第三方物流之物流資訊服務包括預先發貨通知、訂單追蹤查詢等。
2. 物流企業已在客戶的財務、庫存、技術和數據管理方面負擔更多任務，進而在客戶供應鏈管理中扮演策略性角色。
3. 隨著客戶一元化物流服務需求的提高和物流企業資訊服務能力的增強，已出現物流資訊平台透過整合和管理自身及其他服務提供商的相關資源、能力和技術，提供全面的供應鏈解決方案之第四方物流服務。
4. 物流企業採用因應客戶自主開發物流資訊系統的方式，達成物流資訊化。

三、物流資訊服務業

(一) 供應鏈軟體供應商：軟體商將產業標準、優質化的流程和商業智慧融入在軟體系統，客戶既可以選擇成套的產業解決方案，又可以根據實際需要先導入一部分模組。

(二) 資訊中間商（Informediary）：主要是提高專門的資訊基礎設施。物流服務商與客戶之間建立供應鏈一元化，基於成本考量，常透過資訊中間商進行相關服務。

(三) 電子交易市場（E-Market place）：網路交易形式多樣，包括產業中立交易商，如 Logistics.com，提供運輸能力與需求的自動配對和優質化、管理現場交易等各種交易形式，為客戶提供一個客製化運輸管理系統（TMS）套裝軟體。

問題

請簡略介紹美國物流資訊化之做法，並討論有哪些值得台灣參考之處？

資料來源：悅信物流—供應鏈管理專家，美國物流與信息化如何建設，萬聯網，
2014.08.06。

個案情境說明

美國企業物流面臨的問題：
1. 更多全球性物流服務
2. 良好靈活的物流服務
3. 降低物流成本
4. 改進客戶服務

物流資訊化之努力

| 企業之物流資訊化 | 物流企業之資訊化 | 物流資訊服務業 |

問題重點提要

請敘述美國物流資訊化之做法 ➡ 哪些做法值得台灣參考？

Unit **3-2**
供應規劃與供應管理評估

一、供應規劃

供應規劃是供應管理（Supply Management）之一環，因此，企業在擬定供應規劃之計畫時，應同時考慮企業所有的限制因素，包括物料、產能及配銷。若在規劃時能將供應商或外包廠商的因素一併考量，透過快速有效的溝通與資料交換，能夠使企業的供應規劃之需求更為明確，如此將使企業的供應商能配合企業的供應計畫，這有助於減少企業在需求管理上面臨困境（如產品出現短缺，無法支應市場需要）。而供應規劃所延伸出來的供應計畫與企業內部資源分配的方式，將作為企業需求管理的重要依據。總之，供應規劃主要是在協助企業對供應鏈中之資源進行最佳的規劃，以因應市場上多變的環境。

二、供應管理之評估

1. 公司內部供應部門是否具備高專業採購能力？
2. 公司內部是否提供物料的詳細說明書及需求書？
3. 公司對供應商選擇的程序是否較其他業者更為完整？
4. 公司選擇供應商時是否係以整合性因素考量，而非僅以價格作為決策依據？
5. 採購的項目及條件是否能符合市場需求？
6 公司是否與供應商維持良好的互動關係？
7. 公司採購部門員工是否具備足夠的專業知識，以因應採購之需？
8. 公司對供應商之選擇是否是任意的？也就是公司缺乏採購制度？
9. 公司的供應部門人員是否具備談判協商的能力？
10. 公司的供應部門人員是否在談判協商上採公平、合理的態度？
11. 公司是否需要投入更多的書面作業時間及人力，以應付顧客的需要？
12. 公司是否面臨不同顧客，但為相同產品訂單的情形？其比例有多大？
13. 公司因狀況而必須修正訂單的比例有多大？與其他業者比較又是如何？
14. 公司供應部門人員檢查訂單的次數如何？與其他業者比較又是如何？
15. 公司對控制採購產品品質的努力做得如何？
16. 公司的部分採購是否由營運部門的人員負責？與其他業者比較又是如何？
17. 公司的銷售人力在推銷公司產品時，是否只考慮營運作業人員，而忽略供應或採購人員之狀況？
18. 公司對採購的支付是否能準時？
19. 公司的供應作業是否是以官僚制度在運作，而非以電子化作業方式？
20. 公司是否具備與單一供應商協商談判的能力？
21. 公司營運作業人員是否參與採購決策之制定？與其他業者比較又是如何？
22. 公司對於供應管理是否與供應商建立一個長期關係？
23. 公司內部供應部門與營運部門對於相關訂單，是否採取一致性的做法？

供應規劃需考量之問題

在物料、產能與配銷的限制條件下，企業內部資源如何依客戶的重要程度或是策略性要求，予以分配。

經企業內部生產、訂單處理之協調機制和庫存管理系統，有效掌握庫存狀況。

供應管理之評估

1. 採購能力？

2. 提供物料說明書？

3. 對供應商之選擇是否完整？

4. 選擇供應商時是綜合性考量？

5. 採購符合市場需求？

6. 與供應商的互動關係？

7. 企業人員談判協商能力及態度？

8. 面對客戶的態度？

9. 修正訂單或檢查訂單之做法？

10. 採購負責單位？

11. 採購準時性？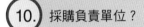

12. 供應作業方式與能力？

13. 與供應商建立長期關係？

Unit 3-3
電子供應商之選擇

圖解供應鏈管理

148

選擇供應商的目的是要找出潛在供應商，並且針對供應商研究是否適合。一般而言，其初步步驟包括送出投標邀請函，蒐集及分析回覆情形；有時為因應時間的緊迫需要，可能必須放棄廠商邀約的完整性。第一次淘汰後獲選的供應商將收到詢價單，載明提議的交易條件，經協商後，最後僅選出少數的供應商，並列入供應商的名單中。

有時企業在採購庫存物料時，常會採取所謂的開放式訂單（Blanket Order），要求供應商供應符合庫存預測的需求。由於採購具有重複性的特性，而且頻率可能很高，所以，企業常可能針對此類物料與少數供應商建立長期關係，尤其以關鍵性零組件或物料最常見。

由於在電子化 SCM 的推動，電子化供應商選擇的方式逐漸受到重視。其作業流程大致包括確認供應商、研究供應商、訂定價格合約與開立開放性的採購訂單。電子化採購可接觸全球的潛在供應商，而且創造出虛擬市集，透過電子紀錄，找到合適的供應商。

一、確認供應商

確認供應商有四項電子化技術可供使用，包括：電子市集、搜尋引擎、線上產業目錄、電子化產品目錄，以及此項流程電子化，可改善正確性及減少循環時間、人力與成本。

二、研究供應商

企業針對供應商的基本資料進行研究，才能瞭解是否合適，包括其出貨紀錄、品管、目前的客戶及財務狀況。其電子化工具包括：專業市場研究、專業搜尋引擎、專業資訊目錄、線上產品目錄，以及在採用上述電子化工具時，必須注意正確性與完整性的問題。

三、訂定價格合約

企業可利用電子版的詢價單提供給供應商，並接受其報價。對於長期有合作關係的策略供應商而言，以及這些資訊交流是依需求預測所採用的報價，包括：電子化溝通、電子化報價管理，以及這兩項工具不但可取得訂價與其他分析資訊的方式，且可降低成本及循環時間，而電子化溝通則可降低流程的複雜性。

四、開立開放性的採購訂單

　　企業以電子化方式接受開放式採購單的供應商，以直接且安全的方式連線，以便供應商取得物料的庫存狀況及使用模式，包括：電子化自動補貨系統、電子化溝通系統、電子化預測系統。

　　上述三項電子化工具可使供應商取得即時資料，而且能針對需求預測產生之變動，以便進行立即溝通。

目的

找出潛在供應商，並針對供應商研究是否適合。

選擇流程

1.
確認供應商

2.
研究供應商

3.
訂定價格合約

4.
開立開放性的採購訂單

Unit 3-4
供應商之發展

供應商之發展係指企業為配合本身營運之供應需求，必須設法改善供應商的績效與供應能力。其方法包括：(1) 支持供應商的營運，提供相關誘因，以改善其績效；(2) 設法鼓勵供應商間之相互競爭；(3) 直接教導供應商如何執行供應作業，而不僅只是透過訓練或其他活動完成任務。

一、供應商發展之最佳實務做法

1. 組成一個精良的供應發展團隊。
2. 教導供應商從供應商發展團隊中，學習到發展本身最初的指導方針。
3. 集中在探討長期的問題。
4. 集中心力在研究供應中的消耗性活動。
5. 參與供應商新產品發展程序。
6. 對供應商提供訓練計畫。
7. 在訓練計畫以外提供教育計畫（訓練計畫與教育計畫係屬兩個不同層次的學習計畫）。
8. 對供應商辦理改善績效研討會。
9. 提供工具及技術，以協助供應商推動業務。
10. 提供供應商支援中心。
11. 出借管理技能（或專業人才），包括流程工程師、品管經理等。
12. 引導供應商的人力朝供應商發展計畫方向進行。
13. 設置擴張目標，以激勵根本的改變及持續性成長。
14. 改善會計系統，以建立改善的衡量指標。
15. 分享從發展計畫中所獲得之成本節省方法。
16. 激勵供應商努力於改善與買方的作業程序。
17. 改善供應商的回收系統，以協助供應商的發展。
18. 改善供應商的供應管理系統。

二、供應商發展的步驟

一般而言，供應商發展的工作常有一套作業步驟，各企業可能會依其環境不同而有所差異。常見的步驟依序為：確定和檢視績效缺口、檢討計畫如何達到目標、計畫的重點在於追求雙方的協議、分析供應鏈不當的流程發生在哪些地方、比較績效缺口與欲追求的狀況、建立計畫的運作模式及基準、蒐集及分析資料、發展改善策略、發展執行計畫、計算投資報酬、產生和檢視一個可行的供應商管理、管理改善計畫。

三、供應商發展的障礙

推動供應商發展工作常會面臨某些障礙，包括：不良的溝通及回饋機制、自滿、缺乏改善的指導方向、顧客的不信任、缺乏正確概念的採購能力、未能訂定契約、缺乏合作的供應來源、故意隱匿問題、缺乏理性的做法、發展計畫引發雙方疲乏、資源受到限制、不尊重供應商的文化、缺乏互信、信心不足、法律問題、雙方關係處於不均衡的狀態中。

條件

| 廠商間對財務
等應有所承諾 | 分享即時資訊 | 規劃有效
衡量指標 |

實務做法

1. 組成一個供應發展團隊

2. 教導與訓練供應商

3. 集中在探討長期問題

4. 參與供應商績效改善等相關活動

5. 提供管理、技術等，協助改善其績效

6. 在人力資源、財務、作業流程、會計系統等方面，協助改善其運作

7. 激勵供應商

8. 改善供應商供應管理系統

9. 分享成本節省方法

關鍵因素

協同作業包括許多承諾
即是提供財務協助或訓練，並設法協助消除浪費和品質、運送、循環時間與成本等議題上進行改善。

協同作業必須進行溝通
即正面的協同作業是建立在高效率的溝通水準上，以有效管制供應商發展計畫。

協同作業應進行衡量工作
欲達到有效的供應鏈效率，其成果的財務紀錄應予開放，同時應分享其財務紀錄及成本資料。

協同作業必須具備互信基礎
為達成供應商發展計畫，大量的資訊必須透過供應鏈中各參與公司的努力，因此只有在互信的前提下，才可能促使不同公司進行資訊分享。

Unit **3-5**
供應商關係管理

供應商關係管理（Supplier Relationship Management, SRM）係就企業在推動SCM時，必須維持與供應商之間的長期互信、互利關係，以達到追求雙方在供應鏈中獲得更大的利益。在電子化中，供應商關係管理系統常包括一些重要的組成，簡述如下：(1) 設計及工程部分（如協同設計等）；(2) 策略供應來源部分（如訂單及支出分析、供應商能力分析、選擇供應商、詢價系統等）；(3) 價值工程方面（如契約發展等）；(4) 採購方面（如採購）；(5) 內部物流方面等。

一、企業與供應商之互動關係

(一)**監督與控制供應商之績效**：一般作為監督與控制供應商之績效，必須依據績效指標執行；若設定之績效指標正確，則監督與控制供應商之績效較為容易。就常見的評估指標包括；1. 供應管理方面之供應來源、勞資關係是否良好等；2. 運送方面是否有良好外包裝；3. 會計方面之特殊財務考量等；4. 工程方面之緊急事件是否可提供快速有效之資料等；5. 品質方面之正確行動是否予以回應等。

(二)**誘因**：有關企業對於供應商在誘因做法上，包括處罰及報償兩項。

(三)**協助**

(四)**其他的互動方法**

二、供應商關係管理之做法

供應商關係管理除利用電子化的各種系統建構相互間的互動關係，更重要的是實務上必須進行下列工作：

1. 內部跨功能性團隊應建立一套發展與管理計畫，以進行整合，並發展及管理適當的做法。
2. 買賣雙方的跨功能性團隊成員應接受團隊合作的訓練。
3. 雙方應建立道德標準必須超過權宜措施的觀念。
4. 兩個組織應發展整合性的溝通系統，以符合雙方合作上之需要。
5. 設法增加及衡量雙方的互信關係。
6. 安排關鍵技術人員的工作互換，並相互拜訪對方公司。
7. 在品質、成本、時間及技術上，建立可衡量的因素。
8. 對於改善的過程，應予以監督及適度的管理。
9. 內部團隊成員必須與對手或合作對象建立更多的接觸。
10. 應規劃及執行訓練課程，包括品質、供應管理、價值分析、策略成本分析、ABC 成本分析法等。
11. 企業內部成員應互相競爭，以確保他們的組織能瞭解和支持聯盟目標。
12. 由這些企業代表所組成的內部團隊，應接受跨功能團隊技巧的訓練。

監督與控制供應商之績效

1. 供應管理方面：(1) 運送的時程是否準確？(2) 在限價下之運送情形如何？(3) 具競爭力的價格如何？(4) 例行文件之準確性如何？(5) 企業預期之需求如何？(6) 對於緊急事件是否提供協助？等
2. 運送方面：(1) 運送是否有一定的指示？(2) 是否有適當的運送服務？等
3. 會計方面：(1) 單據是否正確？(2) 是否有發生信用延誤情形？等
4. 工程方面：(1) 是否保留產品可靠度的過去紀錄？(2) 對於困難工作是否具備解決問題的技術能力？等
5. 品質方面：(1) 是否提供高品質的物料？(2) 是否提供許可證等證明文件？等

誘因

1. 處罰：(1) 最大處罰係對於無法滿足企業供應績效的供應商，將依契約規定，直接降低其物品提供之數量，這是最具力量的誘因；(2) 降低供應商的供應等級，以減少供應商未來獲得訂單的機會；(3) 退單，以示警告。
2. 報償：最大的報償是提供更多的供應機會給供應商。

協助

包括：(1) 進行訓練；(2) 著手品質稽核和供應系統之檢視；(3) 提供問題解決之道（包括技術與管理層面的問題）。

其他的互動方法

包括：(1) 舉辦供應商年度討論會；(2) 舉辦供應商非正式學習分享會議；(3) 舉辦供應商研討會，其目的在創造供應商的改善機會。

1. 建立一套發展與管理計畫

2. 成立雙方跨功能團隊，並予以訓練

3. 建立雙方溝通系統及互信關係

供應商關係管理之做法

6. 對改善過程應予以監控

5. 團隊成員應不斷合作與接觸

4. 建立在品質等的衡量因素

Unit 3-6
供應商庫存管理

供應商庫存管理在供應鏈管理方面具有十分重要的地位，因此近年來，企業對供應商庫存管理均以重要課題視之。為了便於說明，本文係以通路系統中之批發商、零售商等之供應商庫存管理，作為討論方向。其實製造業對其上游供應商庫存管理的做法大同小異，亦可參考辦理。簡單說明如下：

一、供應商庫存管理（Vendor Managed Inventory, VMI）之定義

VMI 是一種庫存管理方案，用以瞭解庫存狀況及銷售資訊，提供企業內部進行市場要求預測與庫存補貨之參考，以快速回應市場變化與消費者之需求。當然，VMI 可使庫存量達到最佳化，且可改善需求預測、補貨計畫、輸配計畫等。

二、VMI 作業模組

VMI 作業模組可分為兩部分，包括需求預測計畫模組，它可提供準確的需求預測；配銷計畫模組則可明確地使供應商瞭解應銷售何種產品？銷售對象為何？銷售價格？銷售時點？詳細說明如下：

(一) 需求預測計畫模組

1. 資料來源：(1) 客戶訂貨歷史資料；(2) 非客戶訂貨歷史資料（市場資訊），如促銷活動資料。
2. 需求預測程序：(1) 產品活動資料之蒐集；(2) 進行需求歷史分析；(3) 利用統計分析方法，依平均歷史需求、需求動向、客戶需求週期等進行分析，做出初步之預測模式；(4) 利用統計工具模擬不同條件（如廣告、促銷活動、市場變化、價格變動等），分析出調整後之預測需求。

(二) 配銷計畫模組

1. 資料來源：(1)產品活動資料，例如，銷售相關資料；(2)計畫時程與預測資料，例如，訂單預測量、預定出貨日期等；(3) 訂單確認資料，例如，訂單量、出貨量、出貨日期、輸配地點等；(4) 訂單資料。
2. 補貨作業程序：VMI 產生配銷計畫後，即可進行補貨作業。說明如下：(1) 每日或每星期將正確商品活動提供給供應商；(2) 進行與該商品歷史資料之比例與預測分析；(3) 進行商品預測處理；(4) 根據市場狀況、銷售情形，針對上述預測進行調整；(5) 供應商應按調整後之預測量及補貨預先設定之條件、配銷條件、客戶要求之服務等級、安全庫存量等資料，推估最佳之訂單量；(6) 依現有庫存已訂購量，產生最佳的補貨計畫；(7) 透過自動貨物裝載系統，計算出最佳輸配計畫；(8) 依據上述最佳訂購量，供應商內部則可產生批發商或零售商所需之訂單；(9) 供應商將產生之訂單確認資料傳送至批發商、零售商，再由批發商或零售商進行最後確認。

效益

1. 掌控市場需求

2. 瞭解消費者需求

3. 提高庫存量控制能力

4. 提高補貨等計畫效率

5. 降低營運資金

作業模組

需求預測計畫模組	配銷計畫模組
· 資料來源 · 需求預測程序	· 資料來源 · 補貨作業程序 

Unit 3-7
需求管理 (1) ──需求規劃

　　需求管理係依據客戶的具體需求，而非市場需求進行生產計畫之擬定，包括如何掌握每一個客戶的需求資訊？如何將客戶需求有效轉化為生產資訊，並傳遞至生產部門？如何有效採購到客戶需要的零組件或原材料？如何減少零組件或原材料庫存，又不降低生產速度？這些都是需求管理的重點。

一、需求管理方法

　　依時間管理角度重新規劃企業供應鏈，以滿足客戶需求。即是依照客戶的需求延後生產，以符合客戶客製化的需求。此方法是對生產製造與供應流程予以調整，在最符合客戶需求的時間點上，提供其所需之數量，充分滿足客戶需求。

　　依地區角度重新規劃供銷廠商的分布狀況，以滿足客戶需求，並降低成本。即是針對供應及銷售的分布狀況進行分析考量，在與供應商及銷售商的協調整合下，達到企業生產體系能快速符合客戶的需要，它有助於降低運輸成本及倉儲成本。

　　依生產整合角度，將所有生產過程中所需之資源，加以整合協調，在集體運作下，充分滿足客戶需求。由於生產者常有許多供應商，為滿足客戶需求，將這些供應商生產資源予以整合，使其在整體運作之下，讓供應鏈發揮最大效率，進而滿足客戶最終需求。

二、需求規劃

　　企業推動需求規劃（Demand Planning）的主要目的，在於找出一套有效的市場需求計畫，以瞭解產品之銷售與需求預測。

　　(一)需求預測（Demand Forecasting）：需求預測是需求規劃的最基本工作，也是最重要的一環。它是根據企業之行銷目標或通路的協同預測，所推動的一項預測數據。

　　(二)需求協同作業（Demand Collaboration）：在電子化的環境下，許多客戶都會進行推估本身需求的工作，因此若企業能透過需求協同作業，使消費者的資訊快速因應至企業，將使企業的需求預測值更為準確。在目前多變的時代中，供應鏈若不採用此互動的機制，對雙方均有所不利，尤其會使企業在面對需求變動時更為困難。

　　(三)彈性限制規劃（Flex Limit Planning）：企業為避免客戶端的需求預測變動過大，常可能與其客戶簽訂需求預測和變動幅度限制，這項變動彈性可能是誤差不得超過 15%，實際幅度則由雙方議定之。

　　(四)淨預測值之計算（Forecast Net）：企業在進行供應規劃時，若客戶訂單及未完成訂單在短期內（依各企業狀況決定）可能完成，這些數量應從預測值中扣除，如此才能計算出較準確的淨預測值。

需求管理方法

依時間管理角度重新規劃企業供應鏈，以滿足客戶需求。

依地區角度重新規劃供銷廠商的分布狀況，以滿足客戶需求，並降低成本。

依生產整合角度，將所有生產過程中所需之資源，加以整合協調，在集體運作下，充分滿足客戶需求。

需求規劃

需求預測

- 由上而下的預測法

  此預測方式是先設定企業營收目標，再由此目標轉換成營收預測。
- 由下而上的預測法

  由下而上的預測方法可由業務單位依客戶別或區域別，做出單獨項目之需求預測，再加以彙總後，即是公司的需求預測值。
- 生命週期規則法

  企業進行新產品的進出市場預測時，常依產品銷售趨勢曲線向上或向下予以修正。
- 行銷事件規劃法

  此方法的目的係將未來計畫進行的行銷事件對需求的影響，加入預測之中。
- 相依需求預測法

  企業在面對客製化的環境下，在採購零組件時，應對其選項進行預測，彙整結果可得出零組件、選項的預測比率。
- 共識預測法

  共識預測法的目的是將不同預測的結果加以整合，設法推出一個預測數據。

需求協同作業

實務上，許多企業（不論是供應端或客戶端）均可與其交易夥伴進行協同預測。例如，由供應端的企業先推估一份預測值，交由客戶端評估後給予回饋；反之亦然。至於需求協同作業係由何端發動，則需視產業型態、客戶型態及產品屬性決定。而預測項目為何呢？可能包括銷售數量、銷售比率、庫存水準、出貨量等，均由雙方討論之。

彈性限制規劃

雙方也常可能訂定相關罰則，以避免其運作機制失靈。

淨預測值之計算

Unit 3-8
需求管理 (2) ──需求履行

　　需求履行係指企業必須設法在最低成本下，以準時、正確的方式，將客戶之訂單有效加以處理。需求履行係依據實際作業的主計畫中之供應計畫取得，它必須依產品、價格、供應來源、前置時間等因素加以考量，設計出符合客戶之達交承諾。依據這項承諾，才能進行下一步的訂單規劃。當接到客戶訂單時，相關資訊會通報至需求計畫，並列入市場需求預估之評估，以期獲得更準確的需求履行。實務上，常會影響需求履行的因素包括全球供、配銷通路的差異化與多元化，供應網路的分散化，大量客製化，需求快速移轉，以及利潤之降低。

一、訂單承諾（Order Promising）

　　係指企業為達到對客戶提供最佳報價及交期之目標，必須依客戶排程偏好等條件，並利用智慧型演算法求算之，最後的結果才能作為對客戶的訂單承諾。一般而言，接單的前台應用系統（包括網路商店、資訊站、ERP 訂單處理模組、傳統訂單管理系統等）會將訊息彙整後，送至訂單承諾系統進行分析，以確定訂單報價及交期承諾。訂單承諾常見的狀況包括下列三種情形：

1. 訂單是由內部的銷售系統發動，此時，訂單承諾系統會同時考量銷售系統中各項影響因素的交互關係及限制條件，進而決定如何回應客戶的交期與數量。實務上，利潤與運輸方式的成本等財務因素亦列入考量之中。
2. 訂單係以批次方式向訂單承諾系統查詢，再經由事前指定的排程規劃，推估出企業可承諾數量及交期，最後通知外部的訂單管理系統。
3. 訂單係由外部系統（如 ERP 訂單輸入模組）的使用者通知，經由訂單承諾系統之評估後，推估出各種可能的定期與數量之選擇機會。這些承諾在被使用者評估後，將通知實際的訂單數量與交期，這代表使用者接受此訂單承諾。此時，承諾的訂單必須扣除可承諾數量，並由企業將此訂單承諾通知使用者。

　　雖然訂單承諾常見上述三種模式，但客戶常會依本身的需要而改變其訂單，在追加訂單、追加或減少數量，甚至取消訂單的情形下，企業必須機動地對其原有之承諾與已配置的可承諾數量，進行動態的重分配，以符合現實環境之需。

二、訂單規劃（Order Planning）

　　訂單規劃係指企業依原先訂單承諾之交期與數量，規劃出一份製造、採購及配銷之最佳化計畫；當獲得客戶正式訂單後，企業應立即承諾客戶且對這些訂單進行規劃，並將工單排入現場作業中，最後以最快的方式將產品送至客戶手上。所以，最佳的訂單規劃便是將交貨的前置時間縮短。訂單規劃必須在各種限制因素下，進行生產規則及演算功能，以達到有效的排程規劃，此項工具便是本書已介紹的先進規劃與排程系統（APS）。

訂單承諾 三種最常見情形：

1. 訂單由內部銷售系統發動。必須將利潤與運輸成本等列入考慮。
2. 訂單以批次方式向訂單承諾系統查詢。
3. 訂單由外部系統的使用者通知。

> 綜合看法：
> 企業必須依實際客戶需求，彈性原有承諾與已配置承諾數量，進行動態重分配。

訂單規劃

1. 訂單規劃即是企業依原有訂單承諾之交期與數量，規劃出一份最佳化計畫。
2. 訂單規劃必須在先進規劃與排程系統的協助下進行運作。

Unit **3-9**
電子化客戶關係管理 (1) ——基本概念及做法

電子化客戶關係管理（CRM）是目前在企業被逐漸用來作為建立或改善客戶關係的工具，它基本上係基於網際網路、通訊與資訊的發展，以致成為有效提升與客戶關係的工具。

一、電子化客戶關係管理的基本重要概念

電子化客戶關係管理（Customer Relationship Management, CRM）的重要概念，可從下列各項說明加以瞭解：

1. 企業開始規劃 CRM 時，必須確認其組織定位目標策略，並設法使組織內化，建立以客戶為中心的組織文化。
2. 根據目前 CRM 使用案例的調查，顯示 CRM 的成功要素依序分別為人、流程及科技，尤其人的因素最為重要。
3. 從前端溝通的 CRM、作業的 CRM、到後端分析的 CRM，係分別從服務、行銷、銷售三個功能目標來分析。如何透過 CRM 建立最有價值的客戶關係（包括瞭解客戶、確定目標客戶、銷售客戶、留住客戶），是非常值得企業重視的工作；而資料倉儲（Data Warehouse）和資料採礦（Data Mining），則成為最重要的工具之一。
4. 目前 CRM 的生態系統依公司特性的不同而採取差異性做法，但愈來愈多公司將 CRM 生態系統包括營運面 CRM、分析面 CRM 及協同面 CRM。

二、導入 CRM 系統應有之做法

企業在導入 CRM 系統時，至少要做到下列做法才可能成功：

1. 導入 CRM 系統係基於企業經營策略之考量，而非只是單純地以技術導入視之。而且此策略係利用公司所有可能之管道，蒐集客戶的各種資訊，利用分析工具及經驗去解讀資料所帶來的資訊，以建立與顧客間更有利的關係。
2. CRM 必須與 ERP 等系統結合在一起，進而發揮更大的效益。
3. 必須先與商業夥伴建立良好關係。
4. 儘量使用自動式的 CRM 系統，進而提高直接掌握資訊之效率。
5. 依產業性質不同，導入不同特質的 CRM，以使運作之效率提高。

三、CRM 之系統架構

一般而言，CRM 系統架構的項目大致包括下列幾項：

(一) 鞏固保有現有客戶（Customer Retention）
　　1. 瞭解購買通路之特性；
　　2. 分析生命週期與購買行為之變化；

3. 運用傾向模式（Propensity Model），減少顧客流失；
4. 探討客戶終生價值。
(二) 獲得新客戶（Customer Acquisition）
　　1. 整合來自各獨立來源的詳細資料；
　　2. 針對新客戶購買行為建立傾向模式；
　　3. 瞭解客戶何時與某公司接觸及如何與他們溝通；
　　4. 確認客戶最可能購買之產品。
(三) 增加客戶之利潤貢獻度（Customer Profitability）
　　1. 確認利潤貢獻度最佳的客戶區隔；
　　2. 發掘利潤貢獻度最佳的客戶，最可能購買之新產品；
　　3. 決定行銷經費的最佳分配方式。

基本概念

· 確認組織定位目標策略，建立以客戶為中心的組織文化
· CRM 的成功要素以人為最重要
· CRM 應從服務、行銷、銷售三個功能目標來分析
· CRM 生態系統依公司特性的不同而採取差異性做法
　　營運面 CRM 包括所有前台作業客戶接觸管道水平整合的自動化，也就是透過各種與客戶互動的媒介（如電話、傳真、信件、電子郵件、視訊、面對面），提供企業在 Back Office、Front Office 及 Mobile Office 等各端不同功能的整合性服務。分析面的 CRM 則是落實那些有助於改善客戶關係管理的先進資料管理與分析工具，即是將營運面所產生之資料傳至資料倉儲中加以分析，以作為業務成果管理。

導入 CRM 系統應有之做法

· 以企業經營策略為考量
· 必須與 ERP 等系統結合在一起
· 必須先與商業夥伴建立良好關係
· 使用自動式的 CRM 系統
· 依產業性質不同，導入不同特質的 CRM

CRM 之系統架構

· 鞏固保有現有客戶
· 獲得新客戶
· 增加客戶之利潤貢獻度

Unit **3-10**
電子化客戶關係管理 (2) ──方法與步驟

一、CRM 可運用之資訊科技與方法

　　包括：資料、資訊之蒐集；資料、資訊的儲存與累積；資料、資訊之吸收與整理；資料、資訊的展現與應用。

二、CRM 導入之步驟

(一) 步驟一：分析客戶關係管理環境

此步驟主要是運用 CRM 資訊科技工具，以找出客戶良好經驗的技術。

1. 3C 分析（競爭者、客戶、公司）：(1) 競爭者：含基準分析、最佳案例分析、核心競爭力分析；(2) 客戶：客戶區隔分析、客戶滿意度分析；(3) 公司：資訊科技解決方案分析。
2. 依 3C 分析的結論，作為制定假設之參考。

(二) 步驟二：建構客戶關係管理之願景

此步驟主要是瞭解 CRM 相關者（如客戶、合作夥伴、物流夥件等），使其參與建立客戶和企業關係的工作。

1. 界定事業，並重新設定事業領域（包括和客戶關係管理相關者的關係、聯盟、客戶接觸管道）。
2. 建立客戶關係管理願景。

(三) 步驟三：制定客戶關係管理策略

此步驟係為建立客戶關係管理通路，以達成設立客戶與企業的聯繫窗口。

1. 活用客戶分析工具（如客戶滿意度調查、客戶接觸管道分析）。
2. 建立客戶關係管理策略體系（如策略選擇、策略模式、專業模式）。
3. 客戶關係管理體系之展開（如營運模式、效益模式）。

(四) 步驟四：展開客戶關係管理／進行企業流程重整

此步驟係運用客戶關係管理資訊科技工具，達到瞭解客戶的目的。

1. 進行客戶服務過程分析。
2. 設定客戶接觸管道的最佳案例。

(五) 步驟五：建置客戶關係管理系統

此步驟仍是運用 CRM 資訊科技工具，包括：各資訊科技工具的檢討與制定，與以資訊科技實體模擬客戶關係管理系統等。

(六) 步驟六：運用客戶關係管理資訊

此步驟係建立客戶關係管理一對一資料庫，其目的在整合個別客戶的資訊，靈

活運用已建立之關係資訊的資料庫。包括活用客戶分析工具與資料採礦（如一對一資料庫、大量客製化）等。

(七) 步驟七：利用客戶關係管理的知識來形成完整的執行週期

係為進行客戶關係管理的合作與支援，進而培育客戶與企業關懷的溝通。包括建立客戶關係管理合作的架構與知識管理的建構與運用等。

CRM 可運用之資訊科技與方法

- **資料、資訊之蒐集**
  包括：1. 銷售暨管理系統（POS）；2. 電子訂貨系統／電子資料交換（EOS / EDI）；3. 企業資源規劃系統（ERP）；4. 顧客電話服務中心（Call Center）；5. 市場調查與統計；6. 網際網路客戶行為蒐集（Web Log）；7. 傳真自動處理系統。

- **資料、資訊的儲存與累積**
  包括：1. 資料庫（Data Base）；2. 資料倉儲（Data Warehouse）；3. 資料超市（Data Mart）；4. 知識庫（Knowledge Base）；5. 模型庫（Model Base）。

- **資料、資訊之吸收與整理**
  包括：1. 資料採礦（Data Mining）；2. 統計（Statistics）；3. 學習機制（Machine Learning）；4. 決策樹（Decision Tree）。

- **資料、資訊的展現與應用**
  包括：1. 主管資訊系統（EIS）；2. 線上即時分析處理（OLAP）；3. 報表系統（Reporting）；4. 決策支援系統（DSS）；5. 策略資訊系統（SIS）；6. 網路客戶互動系統（Web-Based Customer Interaction）。

CRM 導入步驟

1. 分析客戶關係管理環境
2. 建構客戶關係管理之願景
3. 制定客戶關係管理策略
4. 展開客戶關係管理／
   進行企業流程重整
5. 建置客戶關係管理系統
6. 運用客戶關係管理資訊
7. 利用客戶關係管理的知識
   來形成完整的執行週期

Unit 3-11
自動化協同作業

一、自動化協同作業之重點

　　一般而言，不同的軟體供應商在自動化協同作業系統上，會有不同的要求重點，但大致上仍可找出一些共同點。協同商務是產業界未來的發展主流，它希望能提供整合性協同與交易方案，涵蓋各層面供應鏈管理活動，包括從設計、計畫、交易、訂單管理、連結資訊服務到運籌等作業，皆可讓上、下游的廠商透過一共同平台完成，提升供應鏈作業的產能與效率。

　　整體而言，自動化協同作業系統希望能讓參與線上作業的供應鏈廠商節省現有與預留的庫存，及早預知物料可能短缺的狀況，避免生產過度、生產線超時運轉，減少非必要的產品發送與浪費，並降低因訂單狀況經常改變，以及預期產品價格變化所造成之行政失誤。

二、自動化協同作業模組

　　將目前軟體業者在自動化協同作業常見之模組加以說明。

　　(一) **規劃模組**：此項協同規劃模組將使得供應鏈之廠商能聚集在同一平台，精確地分析與回應供給和需求，且可在線上即時監測、追蹤各供應鏈廠商庫存的情形。如此，可使企業能有效控制，減少庫存，提升客戶服務水準，並簡化應收帳款與應付帳款之作業流程。

　　(二) **交易模組**：此模組主要係為供應商與採購商之間建立更緊密的連結、議價與排定最佳的運貨時間表。它可配合多重的線上與傳統實體商業機制，提供報價、拍賣、反向拍賣與結構性協商等服務。藉由提供即時市場資訊，以及各種情況下支援策略性買賣的能力，進而達到提升即時反應市場與降低庫存成本的目的。

　　(三) **訂單模組**：讓供應鏈中的所有交易夥伴能在線上協同運作下，決定價格、訂貨數量與交貨日期。這項特殊服務讓企業與供應鏈中各層級的廠商彙集於全球市場，減少行政失誤，降低交易成本，並縮短採購週期。

　　(四) **運輸模組**：此項模組協助供應鏈中之成員，能達到即時、端對端、運輸監測與預警。它透過整個產業網路，提供工作流程自動化、集量與最佳服務。對廠商而言，藉由改善運輸量管理與透明的運輸資訊，將有助於降低運輸成本與庫存量。

　　(五) **連結模組**：此項整合供應鏈合作廠商的模組，不僅能依特定企業的需求，整合業務流程與標準，也能將多重來源、平台與格式的資料，轉化為可交叉參考、實用的資訊。透過即時溝通與易追蹤的資料，達到有效運用供應鏈協同作業與交易的服務。

共享貨物供需預測資訊

包括成本與價格趨勢。

共享定期更新的庫存與客戶採購資料

監測庫存量

迅速矯正供貨短缺或供應過多等狀況。

持續追蹤庫存情形

追蹤從製造、倉庫用戶端的庫存情形。

快速反應延遲運貨

規劃
模組

連結
模組

交易
模組

自動化協同作業
模組之做法

運輸
模組

訂單
模組

Unit 3-12
物流中心 (1) ——種類及策略

一、物流中心之定義、興起原因

（一）物流中心之定義：物流中心依照物流性質的不同而有不同的做法，以下就物流中心之定義加以說明。所謂物流中心，係指商品集中並分散至零售業或其中間流通部門或最終消費者，它具有連結上、下游之間的重要功能。現代化的物流中心除一般性之採購、儲存、流通加工、配送等功能外，更具有商情蒐集、顧客服務、收帳等功能。

（二）物流中心興起之原因：使商業交易手續及過程更為簡便：買賣雙方透過物流中心之處理，許多買賣手續及過程大為簡化，而且可減少交易過程中的錯誤。

二、物流中心的種類

物流中心的分類，依其觀察角度不同而有所差異。若以溫度觀察，則可區分為常溫物流中心、低溫物流中心、空調物流中心。若以配送物品的類別區分，則可分為食品物流、資訊產品物流、日常用品物流、綜合性物流等。

三、物流中心之策略

（一）訂定本身的經營目標：企業在經營物流中心時，應自行確認經營物流中心的目的何在。它是供本身企業使用，或是專供物流服務之用，必須加以明確訂定，如此才不致使營運方向有誤。

（二）確認貨品來源：物流中心之營運，必須依賴協助其他企業或組織內部銷售單位，將貨品運至指定地點而發生。因此，貨品來源之掌握極為重要，否則若發生沒貨可處理或運儲的情況，則設立物流中心便是毫無意義的作為。

（三）具有提高物流效率的能力：物流中心係在發揮提高物流效率的功能，若是連此項最基本的要求都無法做到的話，則其設立的目標勢必無法達成。

（四）能掌握市場資訊：物流中心若能掌握產業資訊，協助合作夥伴做到更正確的市場評估，則將能因此獲得更長遠的合作機會。

（五）具規模經濟之效益：物流中心在營運上若無法達到規模經濟的程度，則在物流效率無法提升的情形下，勢必無法真正達到營運目標。

四、物流中心發展趨勢

物流中心的發展趨勢，大致包括下列各點：1. 作業資訊化；2. 經營專業化；3. 業務中立化（必須業務保密，以免影響客戶權益）；4. 共同載運中心之成立；5. 達到經濟規模；6. 國際物流化；7. 快速回應系統之建立；8. 結合電子商務。

物流中心之效益

庫存減少

企業透過物流中心進行存貨控制，因此往日庫存的安全存量可降至最低點。

建立企業合作網路

能達到物資有效配送。

專業化的效率

在物流處理能力上，遠比一般企業內部的物流部門強。

提高物流作業效率

經由物流中心的統合，在貨物集中、整理後，再行配送，則物流效率將遠高於自行配送。

有利於建立通路系統中的影響力

因為它真正能提高效率，進而使價格往下調整，提高市場競爭力。

種類

製造商設立的物流中心
如光泉公司等。

批發商或代理商設立的物流中心
如德記洋行等。

貨運公司設立的物流中心
如新竹貨運等。

區域性的物流中心
負責特定小區域物流業務的物流中心。

零售商設立的物流中心
如捷盟公司等。

貨品暫時存貨的轉運站
或是車輛轉換的中繼站。

策略

訂定本身的
經營目標

確認貨品來源

具有提高物流
效率的能力

能掌握
市場資訊

具規模經濟
之效益

Unit **3-13**
物流中心 (2) ── 規劃工作

一、初步準備階段

1. 工作目標擬定：依各企業狀況不同而異。
2. 蒐集相關基本資料：
   (1) 物流相關資料：係指與物流中心有關之目前營業中物流服務據點、服務水準及服務區域。
   (2) 資訊處理：係指物流資訊之處理能力、主從電腦放置地點、登錄狀況、接單、緊急處理的方式。
   (3) 輸配送工具：係指物流中心所需之輸配送工具。其內容應考量車輛的大小、地區路線狀況、便利性、安全性、經濟性等。
   (4) 作業成本：係指物流中心必須投入多少成本，包括工地成本設備、建築物及其他相關費用。
   (5) 物流狀況：係指商品的種類、數量、庫存數量等相關問題。
   (6) 投資效率之評估。
   (7) 作業流程與前置時間。
3. 進行資料分析：
   (1) 瞭解現況：包括貨品的品質、處理速度、手續的難易（資訊交換方式、輸配送手續與方法、搬運容器等）。
   (2) 與同業之比較。
   (3) 硬體條件之比較：包括物流據點、服務區域、物流中心內部的空間大小、設備、容量、輸配送之便利性、資訊網路使用狀況、擴充的可能性等。
   (4) 軟體條件之比較：包括配送單位之限制、接單時間、流通加工速度等。
   (5) 企業形象之比較：包括工作人員服務態度、物流中心之景觀等。

二、系統設計階段

1. 設計條件訂定：包括提高營運費、提升服務水準、解決人力問題、彈性因應少量多樣訂單等條件之考量。
2. 選擇適當地點。
3. 進行建築物與內部設備之規劃。
4. 擬定服務設施：服務設施包括空調設備、安全管制通信設備、搬運設備、儲放區、辦公室，以及其他員工活動場所等。
5. 整體布置之設計。

三、設立方案之評估

通常有數個案件需要選擇出最合適者，因此必須經過合理的評估工作之後，始能選擇最佳方案。

四、細部設計階段

初步計畫階段

1. **工作目標擬定**
   一般包括之工作目標如下：(1) 新營運方式的決定；(2) 計畫所需之經費；(3) 計畫預定之工作時程；(4) 營運量的大小設計；(5) 人力資源之運用；(6) 廠房、設備折舊情形之估算。
2. **蒐集相關基本資料**
3. **進行資料分析**

系統設計階段

1. **設定規劃的相關條件**
2. **選擇地點**
   物流中心地點之選擇至少應包括下列因素：(1) 土地的區位；(2) 土地面積大小及使用限制條件；(3) 儲存貨品之性質；(4) 與競爭者比較的優劣點；(5) 土地成本；(6) 勞動力充足性；(7) 基礎公共設施完備性；(8) 資訊支援能力；(9) 氣候條件（含溫濕度、地震、地質等）；(10) 政府相關政策，如產業東移政策等。
3. **進行建築物與內部設備之規劃**
4. **擬定服務設施**
5. **整體布置之設計**
   通常物流中心之整體布置應注意下列原則：(1) 作業流程順暢原則；(2) 整合性原則；(3) 具高度彈性原則；(4) 管理容易原則。

設立方案之評估

物流中心設立方案
的評估與選擇

細部設計階段

1. **內部之細部設計**
2. **細部計畫之評估**
3. **完成細部計畫**

Unit **3-14**
物流共同化 (1) ──型態

一、物流共同化之定義

物流共同化的意義係指企業經由物流聯盟之策略，使得物品流通之相關作業能共同執行，共同達到具效率的物流管理。它常透過企業間之結合，共組物流體系，或經由物流業者的專業能力，以解決個別企業在物流方面的低效率問題。

物流共同化之範圍係針對物流活動（包括運輸、配送、包裝、裝卸、流通加工、保管等功能），透過資源共享的做法，與其他企業合作，達到經營合理化、效率化的目的。

物流共同化基本上仍在於尋求解決物流活動之經濟性與效率性，且有助於企業營運效率的提高與營運成本的降低。若從社會性觀點來看，在共同運輸下，亦有助於交通混雜、空氣污染之改善。

二、物流共同化之型態

物流共同化依其觀察角度不同，而有不同分配。若以合作行業別來看，則包括同業合作型物流共同化與異業合作型物流共同化兩種。但最常見的分類方式是以主導企業為分類方式，說明如下：

(一) **輸配送共同型**：此種物流共同化的做法是由貨運業者主導，它係指各個不同的企業，基於自行運配的不經濟性，委託同一貨運業或物流業者，有計畫性、效率性地將貨品輸配送至所指定之地點。

(二) **物流機能共同型**：流通業者為因應消費型態的改變，對少量多樣、高頻率之送貨需求，以致共同物流的方式日漸受到重視。

(三) **運銷組合型**：部分企業可經由合作，組成運銷部門，共同資源，以增其談判能力，進而降低其配銷成本。

三、共同配送

物流共同化的實施，大多以「運輸」為主，因此，「共同配送」便受到更多的重視。此制度最早實施是日本的 7-Eleven 公司，他們針對一定商品實施配送，尤其是交貨頻率相同、溫度相同的商品；後來該公司推行此配送方式給其供應商、加盟店，以節省運送時間，並縮短交貨時間。

共同配送大致有兩種做法，包括第一種是在配發商聚集區、商店街等，或同類型的中小型製造商等，透過策略聯盟方式，進行水平整合行為。第二種是由製造商主導，整合下游批發業或連鎖店總部，進行垂直整合行為。不過，目前國內的共同配送係以物流中心在主導共同配送，主要是因為中小企業缺乏整合機制與主導者。

優點

| 降低物流成本 | 資源有效運用 | 提高企業競爭力 |

| 提高對顧客的服務品質 | 有利企業營運規模之擴大 | 保有更多應變能力 |

型態

輸配送共同型

1. **託運共同型**：即是不同的貨主將貨品交由貨運公司，經由同一車輛將貨物運至指定地點。
2. **貨運業集貨型**：即是貨運業者將不同貨物集中，並加以分散運至各指定地點，送交指定人。
3. **貨運業者合作型**：即是貨運業者各自將貨主之貨品集中分類，相互交換同一目的地之貨品，以提高其車輛使用率。
4. **往返互利型**：即是兩地區不同之企業，互相利用對方車輛，避免回程空車，以降低雙方運送成本。
5. **路線貨運共同型**：即是路線貨運業者為方便小型商號業者之委託，用小貨車集貨完成後，透過分區轉運作業，再送至各收貨人。

物流機能共同型

1. **交貨共同型**：此類型是由收貨業者主導，即是通路業者要求供應商將貨品送到指定的物流業者，再由物流業者統一配送。
2. **保管共同型**：即是由倉庫業者主導，例如，許多貨品儲藏空間需求大，故透過倉庫業者代為保管、配送。
3. **全機能共同型**：即是由批發業者或物流業者主導。許多零售業者將貨品之保管、輸配、流通加工等工作，均由物流中心代為處理。

運銷組合型

1. **共同運銷型**：例如，蔬菜、花卉等業者組成共同運銷合作社，將貨品分組包裝，再行共同運送至批發市場。
2. **協同合作型**：製造商及批發商之產品可能存在互補性，而且通路結構具有一致性，故可共同處理配送等工作。

共同配送

物流共同化的實施，大多以「運輸」為主，
因此，「共同配送」便受到更多的重視。

Unit **3-15**
物流共同化 (2) ──困難與推動

一、物流共同化之困難

(一) 從整體角度來看

1.新觀念導入不易。

2.企業內之物流系統無人負責。

3.企業經營者擔心物流機能受制於他人。

4.不願意參與外界的溝通。

5.缺乏適當的評估管道。

(二) 從企業最高管理者的角度來看

包括擔心公司經營資訊外漏,而不利於營運等。

(三) 從管理部門角度來看

包括物流共同化是否能維持現有之物流體系等。

二、物流共同化之推動

(一) 物流共同化基本原則

說明如下:1. 必須謹慎選擇合作成員;2. 確認實施物流共同化之目的;3. 設立共同物流推動委員會;4. 最高管理者必須正式宣示此項政策;5. 確定願景及使命;6. 建立企業優質營運體質;7. 企業內部相關部門應全力推動;8. 全力參與物流共同化各成員之談判。

(二) 物流共同化之設計步驟

1.進行物流共同化可行性之分析:(1) 現有物流問題之蒐集、整理。(2) 評估參與業者之條件,包括:①參考家數與所在位置;②配送地點;③配送密度;④貨品運送特性;⑤物流設備狀況;⑥物流系統之獨立性;⑦物流服務水準。

2.與參與共同化的業者達成共識:(1) 邀請相關物流業者參與;(2) 協調主導權與辦事處之設置。

3.內部成立物流共同化推動委員會:(1) 管理主體之確立;(2) 管理組織之設置。

4.進行物流系統設計:(1) 確認物流系統內容與服務水準;(2) 集貨配送方式之決定;(3) 作業系統之規劃;(4) 決定土地設施、車輛及人員;(5) 與物流業者連結之方式。

5.資金的投入:(1) 辦事處之運作經費;(2) 各種設施所需之資金。

6.企業內部成立新部門:(1) 成立新部門,以配合物流業者的合作方式;(2) 辦理設立登記相關事宜。

7.正式營運前之檢討。

8.正式營運。

9.評估營運績效:(1) 瞭解實施現況,並加以改善;(2) 新事業營運範圍是否擴大;(3) 綜合性之準備。

困難

從整體角度來看

1. **新觀念導入不易**
   物流共同化是一個整體性的物流體系概念。

2. **企業內之物流系統無人負責**
   無人願意改革物流效率。

3. **企業經營者擔心物流機能受制於他人**
   擔心自己無法掌控物流機能，故對物流共同化抱持排斥心態。

4. **不願意參與外界的溝通**
   擔心更多的溝通有可能造成複雜的物流體系。

5. **缺乏適當的評估管道**
   必須要有良好財務與會計系統。

6. **發生問題時，無人願意承擔**

從企業最高管理者的角度來看

執行物流共同化必須改變物流體系，在短期間擔心營業績效；害怕影響對顧客的服務；物流共同化的成員相互之間的權利義務關係若不明確，則可能造成不利的物流機能；導入共同化初期投入許多資金，造成物流成本增加。

從管理部門角度來看

是否影響配銷時效？物流共同化是否能維持現有之服務水準？如何詳細計算各成員之物流成本？各成員是否能共享資源？貨物損壞或遺失，如何作合理分攤？

推動

1. 進行物流共同化可行性之分析
2. 與參與共同化的業者達成共識
3. 內部成立物流共同化推動委員會
4. 進行物流系統設計
5. 資金的投入
6. 企業內部成立新部門
7. 正式營運前之檢討
8. 正式營運
9. 評估營運績效

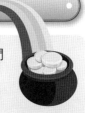

Unit 3-16
委外物流 (1) ——影響因素

所謂委外物流，係指企業將本身內部之相關物流委託專業物流公司作業。因此，專業物流公司亦被稱為第三方物流（3th Party Logistics, 3PL）。

一、物流委外的原因

一般而言，企業將其物流委外的原因，不外乎包括降低成本及提高效率兩項。

（一）降低成本：若是企業內部的相關物流活動（包括倉儲、運輸，甚至是流通加工等均屬之）自行作業，則相對將增加物流作業人員的許多成本（例如，退休、福利等）；在管理上，亦可能因管理能力的問題而增加許多額外的成本。若是將這些工作加以委外，根據實務經驗，將大幅降低其物流成本。這也是為什麼近年來專業物流公司逐漸受到重視的原因。

（二）提高效率：由於企業本身處理內部物流工作，不僅因人員不夠專業，以致效率上較專業物流公司為差；而且由於專業物流公司因專業化經營，所以其物流設備不僅能維護較佳，且使用上亦較能發揮效率。尤其常能使用較新的物流設備，相對上亦可提高其效率。總之，物流委外後，在物流效率上常高於本身管理物流工作。

二、企業物流委外之考量因素

在實務上，企業會將物流委外的考量因素包括下列各點：

（一）資源因素：主要係為了達到集中核心資源的目的，以增加競爭力。

（二）成本因素：企業將物流委外，其目的常是為了要進行成本控制及降低成本。由於企業對物流作業能力不及專業物流公司，因此在物流的成本控制及成本降低上，唯有借助專業物流公司來達到此目的。

（三）服務因素：有時企業在物流傳遞的速度、作業彈性及作業配合度上，常不能符合本身營運上之要求；這可能與設備、能力、效率等有關，因此，委外專業物流公司擔任此項工作，將較易達到此目的。

（四）技術因素：由於目前專業物流公司在專業物流知識上，本較一般企業的物流能力為強，所以，部分企業係基於此要求而將物流工作委外。同時，目前專業物流公司可專注在物流之資訊能力的提高，其所投入資訊投資效率較個別企業單獨投入物流資訊之投資為高，企業只要在營業機密不致於被洩露的情形下，自然願意將物流工作委外。

（五）專業因素：有些企業基於物流的部分工作不合成本或效率太低，而將其工作委由專業物流公司負責，例如，流通加工、運輸、倉儲、存貨控制等。

原因

降低成本

提高效率

成本因素

資源因素

服務因素

影響因素

專業因素

技術因素

Unit **3-17**
委外物流 (2) ──前置作業

企業在將其物流委外之前，必須進行相關的準備工作，以免因考量不周而造成更多後遺症。

圖解供應鏈管理

176

一、前置作業

（一）**評估內部物流委外之可能性**：企業首先應評估內部物流工作委由專業物流公司的可能性。由於內部物流委外後牽涉相關問題必須解決，例如，原有之物流設備如何處理、物流人員如何安置、物流作業如何銜接等問題，若思慮不周，將會對企業造成許多營運上之困擾，如客戶抱怨、員工反彈等。

（二）**訂定物流委外之衡量標準**：企業訂定物流委外之衡量標準，其目的在於使物流委外時能更為客觀，進而確認物流委外之效益有多大？就整個企業而言，是否具有關鍵性的影響力？如果未訂定衡量標準，則委外後有可能會造成更多物流作業的問題產生，甚至影響客戶對公司的信任，這將降低企業的競爭力。

（三）**選擇適當的專業物流公司**：由於市場上的專業物流公司甚多，服務水準參差不齊，而且服務項目亦不相同。因此，企業應考量本身在物流有哪些工作必須委外，經由評估後，才能至市場上尋找合適的專業物流公司。在評估及選擇過程中，除考量其服務項目與企業之物流委外需求是否相合外，並需進一步評估專業物流公司的實績及服務口碑。

（四）**進行談判**：企業在選定專業物流公司後，接著必須與物流公司談判相關事宜，例如，雙方權責如何？同時也應針對服務項目議定服務價格。在談判過程中，企業應特別注意雙方權責的問題，因為這牽涉到未來雙方在出現爭議或賠償時，這是最重要的談判依據。

（五）**雙方工作流程之確定**：由於企業物流委外後，即立即產生作業流程銜接的問題，例如，專業物流公司何時將零組件送至企業指定地點，或者是物流公司是否能在指定時間、指定地點，將貨品完整送到客戶手上，這中間存在許多的工作流程，因此，雙方若不能事先將工作流程明確切割，並且考慮所有銜接的問題，屆時雙方將會產生許多爭議。

（六）**雙方資訊共容性之設計**：由於目前企業物流委外已不同於過去單純只有運輸或倉儲而已，它可能涉及到整個物流活動均委由專業物流公司負責，即便不是全部物流活動全數委外，但也會與企業內部營運作業有關。也就是可能會涉及雙方資訊交流的工作，既有資訊交流也就必須考量到雙方資訊共容的問題。若無法克服資訊相容的問題，則物流委外之效率將受到影響，而且無法回應企業內部 ERP，甚至 SCM 系統之需求。

二、委外物流之作業管理

委外物流之作業管理，依作業時程區分為設計規劃期、推動期及回饋期。

(一) 設計規劃期：1. 物流政策及目標之擬定；2. 內部各業務部門（研發、生產、行銷、財務等）之協調及整合；3. 物流委外移轉作業計畫擬定（包括移轉時間表、人力、成本等項目）；4. 選擇專業物流公司標準之訂定。

(二) 推動期：1. 選擇專業物流公司；2. 委託合約之談判及議定；3. 移轉作業協調工作之沙盤推演；4. 正式進行物流工作之移轉。

(三) 回饋期：1. 溝通、協調工作機制不斷運行；2. 利用績效衡量指標檢討運作結果；3. 持續維持長期合作關係。

三、委外物流績效評估

(一) 評估：1. 庫存正確，帳目相符；2. 設備使用具效率；3. 作業效率及正確性；4. 客戶服務滿意度。

(二) 主要評估指標：1. 庫存正確率；2. 訂單達成率，包含配送準時率、回單準時率、回單未缺貨率、計費正確率等；3. 退費準時率，包含運輸收退貨準時率、倉儲退貨率、處理即時率等；4. 原因分析法，包括拒收原因分析、延遲原因分析、缺貨原因分析、異常回報分析等；5. 客戶申訴處理統計資料，包括客戶抱怨紀錄及處理、客戶抱怨統計表等。

(三) 其他相關評估工作：1. 物流設施之投資狀況；2. 物流核心能力發展狀況；3. 作業人員教育訓練狀況；4. 營收獲利財務狀況。

四、委外物流合作關係

(一) 理念：委外物流合作關係之理念，係依賴於專業夥伴關係、利益分享關係建立之基礎上。

(二) 互動關係：1. 資訊交流做法，包括經營理念、管理政策、年度目標、教育訓練、資源分享等；2. 定期之例行工作人員會議，包括衡量指標檢討、改善方案、作業協調、工作人員交流等；3. 獎勵措施，包括指標提升獎勵、年度目標達成獎勵等；4. 高階主管交流，包括建立互訪機制、相互投資等。

前置作業

評估內部物流委外之可能性	訂定物流委外之衡量標準	選擇適當的專業物流公司
進行談判	雙方工作流程之確定	雙方資訊共容性之設計

Unit **3-18**
委外物流 (3) ──合約管理

企業在簽訂物流委外合約時，有很多應注意的事項，包括從企業的態度、到合約的實質內容，內容非常多，說明如下：

一、雙方應具互信態度

物流委外的最根本精神是雙方能夠相互信任，若僅只依賴合約的約束，並不能真正落實物流委外的精神；只有在態度上，雙方能充分信任對方，才能真正達到物流委外之目的。

二、專業物流公司應具合法性

由於許多營業機密可能會隱藏在委託事項之內，若企業為了節省成本，而未找到合法專業物流公司，有可能發生企業的產品無法準時、正確送達指定人手上，這可能會嚴重傷害公司信譽，而且最後亦可能求償無門。

三、簽訂時間、合約有效期、起始終止時間應明確規範

除上述相關時間因素應有明確規範外，另應考量續約及自動延長條款、有效期間不違約終止條款、有效期間違約終止罰則及理賠條款。

四、合作關係應明確界定

為何雙方合作關係應明確界定？因為若不予明確界定，不僅可能發生物流作業銜接上產生衝突，更可嚴重破壞公司信譽（因為產品無法正確、準時送達客戶手上）。

五、主體合約之內容應採通則型，以保留彈性

一般而言，主要條款至少包括下列項目：1. 服務內容及服務範圍；2. 服務設施及服務地點；3. 服務期間（含生效日及終止日）；4. 價格條件；5. 付款條件；6. 服務品質要求；7. 保證條款；8. 競業條款；9. 保險及理賠條款；10. 保密條款；11. 合約更改規定；12. 商務仲裁；13. 法源適用及受理法院。

六、服務合約應明確規定，以作為作業依據及標準

(一) 設施標準：包括倉儲設備之各種標準、運輸車輛類型、資訊系統聯絡方式，以及傳輸方式、棧板與耗材規格等。

(二) 作業處理規範：1. 正常作業時數、截單時限、正常完成時數；2. 異常緊急配合作業規範、相對緊急處理費用；3. 儲存配送條件限制；4. 配送路徑、頻率、指定到貨時間、交貨方式之訂定；5. 允收標準訂定（即是接收貨物之標準）；6. 最低訂單、出貨量設定；7. 存貨盤點作業方式、次數及盤點盈虧處理方式；8. 退貨作業方式及時數之訂定；9. 報廢品處理方式；10. 合約終止移倉作業規範及計畫標準之訂定。

七、保險及理賠事項之規範

(一) 基本保險方式：1. 委託人對貨品應自行投保存貨險（包括火災、水災等天然災害）；2. 受託人對貨品儲倉期間之倉儲及相關設備設施應投保財產險，保費由受託人自付；3. 貨品運輸過程中，如有必要，委託人亦可自行取得產品移動險；4. 不明原因或受託人疏失所造成之損失，由受託人賠償。

(二) 理賠相關事宜：1. 受託人得經由委託人協助取得保險公司理賠之確認；2. 受託人因不明原因或疏失所造成之貨品賠償，應設定以進貨成本作為成本價格，並議定賠償上限。

類型

正式合約

- **主體合約**
  主體合約主要係為了界定雙方關係、權利義務關係、風險及責任歸屬等。

- **服務合約**
  服務合約是界定雙方服務範圍、內容及相關作業規定。

- **合約附件**
  合約附件對不同企業而言，可能依實際狀況不同而有所差異。常見的合約附件包括作業流程等。

簡式合約

- **服務合約**
  包括服務內容、權利義務、計費方式，及價格、付款條件、與其他約定事項。

- **合約附件**
  依實際需求提出之約定事項。

非正式合約

利用報價單附注其他相關規定

簽約流程

草約議定階段
包括物流作業細節、計畫，以及價格條件、付款方式、執行績效標的。

內部審查階段
包括整合法務與財務部門意見、修改條文、附件準備完成，以及最後進行內部核定作業。

正式簽訂合約階段
包括負責人用印、公證、正副本分送及存檔。

簽約時應注意之事項

- 雙方應具互信態度
- 簽訂時間、合約有效期、起始終止時間應明確規範
- 主體合約之內容應採通則型，以保留彈性

- 保險及理賠事項之規範
- 專業物流公司應具合法性
- 合作關係應明確界定
- 服務合約應明確規定，以作為作業依據及標準

Unit 3-19
第三方物流

當企業將部分或全部的物流活動委託給第三方物流，此即是前述之企業物流委外之合作對象，實際上，它即是專業物流公司。其實許多企業早已透過外部公司提供相關物流服務，尤其以運輸及倉儲最常見；但它們大多只涉及單一功能的服務，而專業物流公司則涉及長期的合作及承諾關係，並且亦與雙方作業流程之整合有著密切關係。通常專業物流公司規模大小不一，有的規模大到員工數萬人，有些公司則只有不及十名員工。

一、第三方物流之優缺點
(一) 優點
包括具有物流核心能力、物流技術的彈性能力較佳、其他服務的彈性。
(二) 缺點
使用第三方物流最大的缺點是企業將物流委外後，將可能發生對物流活動之運作受制於第三方物流，也就是企業之物流的控制數可能喪失。

二、進行第三方物流應注意事項
(一) **進行有效溝通**：由於雙方在合作初期，對其組織文化或作業流程並不熟悉，唯有藉由有效溝通，第三方物流才可能真正瞭解客戶的需求與運作流程。而且此項溝通作業應是持續不斷的，不因合作順利後便有所疏忽，因為問題是不斷發生，所以必須持續進行有效溝通。

(二) **增強對方的信心感**：由於企業常必須將相關的營運機密經由第三方物流之資訊平台，所以，第三方物流必須從服務、作業流程等方面的表現，設法贏得對方的信心感；在此信心感建立後，未來合作的空間才會逐步增加。

(三) **必須尊重客戶的意見**：第三方物流在物流活動執行上應以對方意見為主，而不能單以本身的方便性作為考量。不過，若從實務的專業角色判斷客戶的意見可能會出現狀況時，亦應主動告知，並予以提醒可能產生之後遺症，最好能提出較明確的事例以供參考。

(四) **有義務保護客戶的業務機密**：由於物流活動隱藏許多企業的業務機密，因此，第三方物流不僅有義務保護客戶的業務機密，以免使客戶在市場上受到衝擊，同時應瞭解保護客戶業務機密也是一種法律責任（目前相關契約都會加入相類似的保障條款）。

(五) **績效評估方式應事先溝通**：由於雙方在合約上常會依據績效評估，訂定雙方權利義務關係，所以，影響這些權利義務的評估指標及方法應由雙方先行討論及確定，以免造成事後的困擾。

(六) **其他注意事項**：第三方物流在執行物流業務時，應注意之事項尚包括仲裁問題、解約條款、轉包可能的相關準則或規範、定期報告之提供等。

趨勢

物流業務範圍不斷擴大

提供客製化服務

變動常態化

時差競爭

BTO、CTO生產模式的運作

低存貨

資訊共享

類型

綜合型
具有多類型功能之物流服務業務。

專業型
即是第三方物流僅專注於單一業務。

轉業型
即是將本業轉型為第三方物流。

宅配型
即是結合通路業或自行發展物流等。

虛擬型
即是僅提供物流仲介、諮詢、網路平台等服務。

應注意事項

進行有效溝通

增強對方的信心感

必須尊重客戶的意見

有義務保護客戶的業務機密

績效評估方式應事先溝通

其他注意事項

Unit **3-20**
第四方物流 (1)──特性與類型

第四方物流（4th Party Logistics, 4PL）係指專業物流公司具有經營跨整個策略性專業知識，與真正能整合供應鏈中各個流程的技術，而且他們常全心投入在其核心能力，如運輸與倉儲之經營。也就是第四方物流係經由整合不同業者的服務，進而提高供應鏈的每個環節不同的價值，並藉此改善企業在供應鏈管理上之效益。

第四方物流是一個供應鏈之整合者，它具備整合組織內部與合作夥伴（如第三方物流業者、技術服務業者等）的所有資源、能力與技術的能力，進而提供一個完整供應鏈解決方案給客戶，使其在營運上能有更大跨功能的整合能力。此類業者較著名者如 EXE Technologies。

一、特性與類型

（一）第四方物流具有下列特性

1. 有能力提供一套完整的供應鏈解決方案，它是整合管理諮詢與第三方物流服務的廠商。
2. 它能透過對供應鏈的影響，對客戶提供持續更新及優質化的技術方案，以滿足不同客戶的客製化需求。
3. 第四方物流具有制定供應鏈設計、流程再造、技術整合、人力資源管理等能力，它能在面對不同供應商的需求下，提供良好的管理與組織能力。

（二）第四方物流目前有三種類型

1. 解決方案整合者：第四方物流業者為貨主服務，是所有相關的第三方物流業者及其他業者的整合協調中心。
2. 提供技術或策略者：它是為第三方物流業者提供服務，並提供第三方物流業者在技術或策略規劃方面所缺乏的專業能力。
3. 產業改革者：它透過對產業內眾多成員提供同步及共同的作業之協助，使各方在供應鏈中能順利運作。

（三）第四方物流具有三種基本功能

1. 是提供供應鏈管理的功能。管理貨主、托運人到顧客流程。
2. 是具運輸一元化功能，負責管理運輸公司、物流公司在業務運作的協調整合工作。
3. 是提供供應鏈再造的功能，經濟環境的變遷，使得貨主或托運人在供應鏈上之策略，必須予以調整。此時，第四方物流常可提供產業的最佳解決方案。

二、與第三方物流之差異

　　第四方物流與第三方物流有所不同，其差異點如下：

1. 第四方物流業者能提供完整的供應鏈解決方案。
2. 第四方物流業者利用對供應鏈的服務，提供客戶創造更多的價值（尤其每一個環境中價值之創造），例如，增加營業、降低營運成本等。
3. 第四方物流業者的作業層面常包括客戶的完整供應鏈的活動。
4. 第四方物流業者常會與其客戶形成長期的合作關係。

特性

| 提供完整的供應鏈解決方案 | 提供持續更新及優質化的技術方案，滿足客戶的客製化需求 | 具有制定供應鏈設計、流程再造、技術整合等能力 |

類型

解決方案整合者　　提供技術或策略者　　產業改革者

功能

1. 提供供應鏈管理功能。

2. 具運輸一元化功能。

3. 提供供應鏈再造的功能。

Unit 3-21
第四方物流 (2) ──企業應有之考量

一、第四方物流受到重視的原因

第四方物流近年來成為產業重視的發展趨勢之一，由前述物流產業之發展，可看出第四方物流頗能符合哪些物流趨勢之要求。以下就第四方物流受重視的原因，也就是它能夠成功的原因加以說明。

(一) 第四方物流能提供完整供應鏈的所有解決方案：第三方物流僅能提供供應鏈中部分作業的解決方案，因此在物流工作上可能會產生流程銜接的問題及困擾。第四方物流恰可以儘量解決此問題。即是在單一窗口的作業模式下，可提供企業較佳供應鏈的全套服務。

(二) 第四方物流可使企業全力投入核心技術之發展：由於企業資源有限，而第四方物流恰能提供完整供應鏈的解決方案，因此，企業可全力將本身資源投入核心技術的發展，使其企業更具競爭力；同時，也可設法全力解決客戶的問題，不必將資源與努力放置在供應鏈的活動上。

(三) 第四方物流能減少企業管理上之困擾：由於企業的管理幅度愈大，其效率愈低。企業若能將其人力資源全心放在培育及管理核心人力資源部分，而將供應鏈中可以委外的部分交由第四方物流處理，將可大幅提升管理效率，同時也可因此降低企業在人力上的成本負擔（如退休金）。

(四) 第四方物流能建構供應鏈知識管理：第四方物流具供應鏈完整解決方案能力，因此對供應鏈知識管理的系統建構更為容易，這對協助客戶解決供應鏈管理上的問題較有幫助。

二、企業選擇第四方物流應有之考量

企業在選擇第四方物流時，必須考量相關問題，始能充分有效地透過第四方物流，獲得最佳的供應鏈解決方案。

1. 企業在供應鏈中是否為核心企業，且具有關鍵地位，而供應鏈中部分環節是否為企業的核心能力。
2. 企業是否已無法因應目前供應鏈的運作？
3. 客戶的供應鏈需求，是否已超過企業的執行能力？
4. 企業是否有能力充分運用企業資源，以因應供應鏈的運作？
5. 企業是否具有整合供應鏈各個環節的管理能力與技術能力？

第四方物流受到重視的原因

提供完整供應鏈的所有解決方案

能減少企業
管理上之
困擾

受重視的原因

能建構供應
鏈知識管理

可使企業全力投入核心技術之發展

企業選擇第四方物流之考量

企業在供應鏈中
是否為核心企業？

企業是否已無法
因應目前供應鏈的運作？

客戶的供應鏈需求，
是否已超過企業的執行能力？

是否有能力充分運用企業
資源，以因應供應鏈的運作？

是否具有整合供應鏈各個環節
的管理能力與技術能力？

Unit 3-22
個案：VM 虛擬化技術貿易雲

關貿網路公司在 2010 年 11 月 9 日與台灣 IBM 公司共同宣布在雲端運算的合作計畫，打造亞洲第一個貿易雲服務平台。該平台以 IBM Power 570 系統作為運籌關貿網路雲端服務的核心機制，並導入 IBM Power VM 虛擬化技術，協助關貿網路將現有 50 多項大型 ASP 應用服務，透過雲端平台，以彈性與延展性的資源配置方式，提供給 4.5 萬家企業使用，以及未來與其他合作夥伴發展應用服務最佳環境。

關貿網路總經理戴連鯤菁女士指出，關貿網路作為全方位加值網路服務供應商，提供逾 50 項大型應用服務，涵蓋通關業務、地政資訊、流通電子商務等應用服務範疇。在客戶數不斷攀高、應用服務範疇持續擴大之下，關貿網路希望能將提供應用服務發展的基礎架構，進行全面虛擬化，如此方能發展出更具整合性、彈性、擴充性的平台，以因應公司未來業務擴充，並且提供更優質服務品質需求。同時該公司能提供全球最佳案例、國際視野、輔以經過驗證產品應用，有效協助關貿打造貿易雲平台，讓客戶間的資料交換效率達到流暢完善。台灣 80% 以上流通業者皆採用關貿網路的供應鏈雲端系統，配合供應商亦超過 1 萬家。

在台灣已經蔚為一股風潮的雲端運算議題，由於硬體大廠相繼投入資源研發雲端骨幹基礎的 IaaS 技術，因此在雲端運算的硬體底層架構發展上已趨完備，但在實際應用上的 SaaS 服務，卻因為資訊安全、效能、客製化以及轉換成本等各項考量，許多企業對於導入 SaaS 雲端運算服務仍有疑慮。目前台灣的雲端運算軟體開發商所提供的 SaaS 服務多為 B2C 應用，B2B 的商務應用市場仍需要一段時間發展才能成熟。

關貿網路公司未來在雲端運算的商機，將會隨著服務的成熟與使用的企業增加，逐漸由 B2C 終端使用者的服務發展至 B2B 企業商務應用服務。首先將會從資訊流的介接開始，軟體開發商藉由跨越不同的平台與硬體載具，整合服務不同的使用者。軟體開發商能在雲端平台上選擇所需要的資源開發各種服務，並藉由行動載具的功能，提供使用者各式行動服務，帶動雲端運算服務中 SaaS 的發展。藉由端點的資料彙集與整合，平台業者即可針對雲端上儲存龐大資訊並加以分析，作為開發新服務的依據與優化原有服務的指標。

目前在 B2B 的服務中，關貿網路已建構出貿易通關、流通以及運籌三大產業鏈之整合雲端服務。以貿易通關雲端服務而言，以往的進出口流程需要經過多個複雜且各自獨立的資訊服務系統，使用的資訊來源分布於不同的公私單位，如何跨系統的資訊流的整合、分享，以及其權限控管是最難以解決的部分。藉由雲端中資訊整合與分享的概念，可以使在雲端平台的各項資訊系統進行資料加值整合，達到文件一次輸入，全程使用之無紙化貿易。

問題

關貿網路公司在雲端運算上,打造亞洲第一個貿易雲服務平台,請問若您是貿易公司,除在進出口貿易使用其平台外,還會運用該平台的哪些功能?理由為何?

資料來源:1. 周安蓮,關貿網路結合 IBM 雲端技術 成功打造貿易雲服務平台,DIGITIMES 中文網,2010.11.29。
2. 賴姿侑,建構雲端加值平台 發展企業創新服務,DIGITIMES 中文網,2011.04.12。

個案情境說明

市場看好雲端運算熱潮,政府亦端出 5 年新台幣 240 億元預算啟動旗艦級雲端運算服務,推出製造雲、資訊雲、貿易雲、醫療雲等九朵雲端服務

關貿網路公司與 IBM 公司共同打造亞洲第一個貿易雲服務平台

關貿網路貿易雲服務平台採用 IBM Power 570 主機,以及包括 IBM SAN Volume Controller、System Storage TS3500 Tape Library 等儲存系統,同時引進 IBM Tivoli 旗下 Provisioning Manager Software、Storage Manager、OMNIbus AND Network Manager 等多項管理方案,以優化其基礎架構,並藉由虛擬化技術,提供彈性與延展性的資源配置,未來將進一步實現應用服務自動配置目標。

提供逾 50 項大型應用服務,包括通關、流通電子商務等

台灣 80% 流通業者使用其供應鏈雲端系統

B2C 的雲端服務較為成熟

B2B 正積極推動中,包括貿易通關、流通、運籌三大產業鏈之整合雲端服務

問題重點提要

關貿網路公司在雲端運算上,打造亞洲第一個貿易雲服務平台

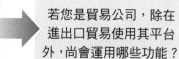

若您是貿易公司,除在進出口貿易使用其平台外,尚會運用哪些功能?

理由何在?

Unit 3-23
個案：威達電供應鏈管理

　　威達電公司為工業電腦製造商，由於工業電腦主要應用於各個特殊平台及不同產業中，在設計上必須因應客戶要求而有所不同，因此它的產品必須依客戶需求量身訂做，只能多樣少量生產。

　　威達電將供應鏈 e 化過程分成三個階段，第一階段是整合供應鏈資訊，在生產運籌流程中，即時分享採購、物管、生管及供應商等不同端點的資訊。第二階段是善用這些即時資訊，調整生產運籌作業。第三階段則是做好供應商管理，建立緊密配合之 e 化供應鏈體系。

　　威達電原有意選擇自建供應鏈管理平台，但可能對供應商造成不便，且引起反彈；最後選擇委外方式，透過億科國際的 Collab TRADE 協同供應鏈平台，與上游供應商分享供應鏈資訊。其優點包括不需要建置成本、導入時間快（3 個月）、負責人力少、維護成本低（按使用量付費的模式）。導入供應鏈平台的效益，以採購部門最為顯著，採購人員可以將更多心力放在尋找優質供應商。

　　透過供應鏈管理系統平台存取資訊，採購人員只要將 PO 單上傳至平台中，讓供應商可經由平台讀取 PO 單，可同時節省供應鏈上採購與供貨的時間。

　　另外，採購人員常因疏忽、忙碌或與供應商熟絡之後，省略電話確認程序，直到進入催料階段時，供應商才表示沒有接到 PO 單，造成生產延宕的困擾；由於網路平台可記錄每筆交易資料，因此能減少爭端發生。加入供應鏈管理平台的最大好處，就是讓採購作業變得更便利、更即時，原本從下 PO 單到供應商確認交期回覆，約莫需要 3 個工作天的時間，現在只要 1.5 天即可，同時縮短了供應商回覆訂單與採購人員作業的時間。

　　供應鏈管理平台除可節省採購部門內確認 PO 單的作業時間與爭議外，對後續的收料及財務作業也大有幫助。加入供應鏈管理系統平台後，供應商在交貨之前，先登入平台內點選交貨聲明（Notice），系統則自動產生一個 ASN 條碼（條碼內記載當次交貨的明細資料），並將供應商的交貨聲明傳送予威達電，倉管人員收料時，只要透過讀碼設備掃描送料單上的條碼，即可將交貨明細資訊灌入威達電 ERP 系統內，並確認無誤即可，整個收料作業既省時又方便。

　　財務作業則和供應商的付款進度有關，只要透過平台即可得知相關訊息，內部作業人員可省去回應供應商電話的時間。

問題

企業 e 化能否成功，其關鍵在於所選擇的 IT 系統是否與企業本身經營型態相符，因此，資訊系統沒有好壞絕對之分，只有適合或不適合的問題。唯有選擇合適的解決方案，才能創造 e 化效益。請評論威達電公司的做法。

資料來源：胡世萬，威達電加入億科國際 eSCM On-demand 協同作業平台，創新供應鏈運籌管理，電子時報，2006.11.02。

威達電供應鏈管理架構圖

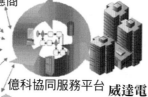

外包商

包材供應商

機構件
供應商

線材
供應商

彈性生產

準時達交

符合客戶 e 化要求

客戶

億科協同服務平台　威達電

電子零件製造商　　IC 通路商

資料來源：威達電公司提供，DIGITIMES 企業 IT 整理，2006.10。
製　　表：廖珮君、柯博偉

威達電為避免供應商反彈，從自建供應鏈平台轉為委外方式，
透過億科國際的協同供應鏈平台，與上游供應商分享供應鏈資訊

選擇億科國際公司的 SCM On-demand Service 模式，透過億科國
際 Collab TRADE 協同供應鏈平台，以及採用其中的 PO 管理（PO
Management）、ASN / GRN 收貨管理（Receiving Management）、
PO 追蹤與修正（Negotiation Revised PO）、線上報價機制（RFQ
/ Quote）及應付帳款管理（Accounts Payable）等功能模組，來進
行供應鏈 e 化管理。

| 不需要建置成本 | 導入時間快（3 個月） | 負責人力少 | 維護成本低 |

採購部分效益最顯著

問題重點提要

| 企業 e 化能否成功，在於所選擇的 IT 系統是否與企業經營型態相符？ | → | 選擇合適的解決方案，才能創造 e 化效益 | → | 請評論威達電公司的做法 |

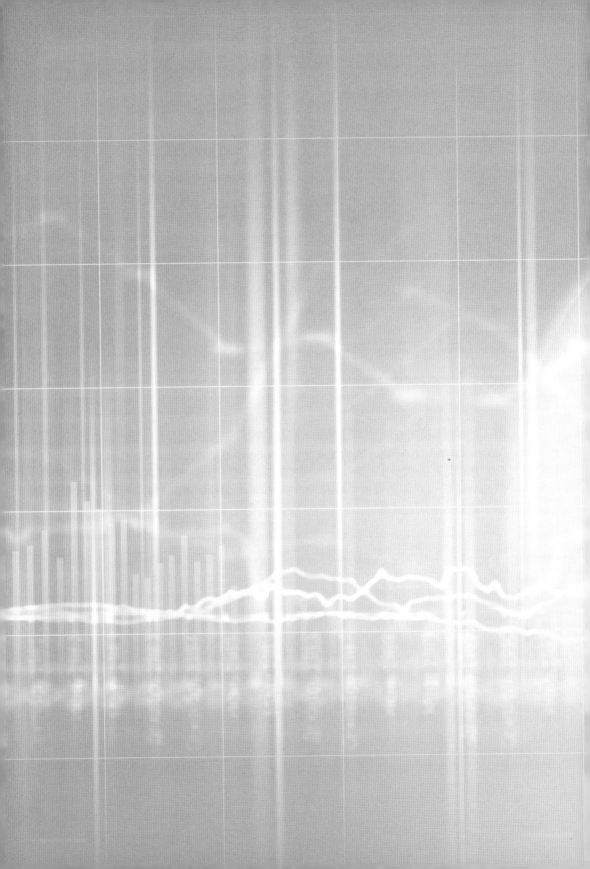

Unit **4-1**
個案：台積電綠色供應鏈

台積電在關注全球環境保護的議題之際，建置綠色供應鏈，並發揮影響力，促使供應鏈廠商配合辦理。其評核供應商綠色環保績效的項目如下：

一、台積電綠色供應鏈準則

(一)環境保護法規符合性：供應商必須符合所在地政府相關空氣污染防制、水污染防制、廢棄物與資源管理等環境保護法規，如有違反法規情事，則必須提出改善計畫。

(二)節能減碳：供應商必須建置自身工廠的碳盤查資料，提供具體的減碳績效並建立產品碳足跡。

(三)水資源與節水：供應商必須建置自身工廠的水盤查資料、提供具體的水資源管理計畫。

(四)綠色產品與有害物質管制：因應全球有害物質管制與生態友善的產品規範，台積電公司與供應商合作符合國際間 PFOS/PFOA/Conflict Mineral Management / RoHS / REACH 等全球化學品管制規範。

(五)廢棄物資源化：供應商必須持續廢棄物減量，並提升資源回收再利用的比例。

(六)第二層供應商環境績效：供應商必須敦促其上游供應商，進行環境保護與節能減碳、節水的相關措施。

(七)設立環境管理系統與環境目標：供應商必須擁有 ISO14001、RC 14001 等或其他相關環境管理系統的驗證。

(八)其他環境保護活動：如採用綠色採購、設計綠建築、推動綠色辦公室計畫與對員工進行環保教育宣導等。

二、原物料有害物質禁用要求

台積電公司推動「綠色採購」，要求製程原物料的供應商提供聲明，保證其產品不含對環境有害之國際禁用物質，確保產品符合客戶與如歐盟 RoHS 法令的要求。公司執行供應商環保稽核時若發現有重大缺失，會在由採購主管主持的個別供應商每季會議上提出檢討與要求改善。台積電公司掌握全球綠色發展趨勢，並且符合國際綠色規範。

三、生產設備綠色要求

台積電公司要求設備供應商在設計新世代生產設備時，考量省水、省電、省耗材，且需有長遠節能減碳規劃及未來環保策略藍圖。各設備商在完成安裝後，應確認相關設備操作的能源績效符合或優於採購合約。

問題

台積電在供應鏈管理工作方面相當出色，若從供應鏈管理的理論來看，請您評論該公司在綠色供應鏈上是否有改善的空間？理由為何？

資料來源：台積電官方網站。

個案情境說明

綠色供應鏈準則

- 環境保護法規符合性
- 節能減碳
- 水資源與節水
- 綠色產品與有害物質管制
- 廢棄物資源化
- 第二層供應商環境績效
- 設立環境管理系統與環境目標
- 其他環境保護活動

問題重點提要

台積電供應鏈管理的工作相當出色

供應鏈管理理論觀察

台積電在綠色供應鏈與供應鏈風險管理上是否有改善空間？
理由為何？

試論之

全球運籌管理 (1) ——形成原因

對一家全球化發展的企業而言，全球運籌管理（Global Logistics Management）就是該公司進行全球市場的行銷、產品設計、顧客滿意、生產、採購、物流管理、供應商等整體管理系統之運作。也就是將全球供應鏈（Global Supply Chain），從備料、生產、出貨、通關、到市場配銷的每個環節加以串聯，並整體達到及時（Just In Time）管理與運作之目的。其核心精神在於快速回應市場的變化與顧客的需求，同時將經營成本、庫存壓力與風險降至最低，而且縮短供應鏈，進而創造整體經營的最大綜效（Synergy）。

一、形成原因

1. 生產模式因受顧客需求及顧客滿意概念之盛行而改變。
   (1) 顧客需求走向多樣化、個性化、少量化、流行化及快速化方向。
   (2) 網路行銷之盛行。
   (3) 產品及時交貨之要求。
   (4) 生產模式由 OEM、ODM 等方向，調整為 BTO（Build to Order）、CTO（Configuration to Order）。企業生產模式走向 BTO、CTO 之原因如下：
   ① 在顧客多樣化及大量化、低價、快速運送的要求下，必須設法提高顧客滿意度。
   ② 由於產品快速發展、產品異質化要求的提高，促使產品生命週期快速縮短。
   ③ 增加主要產品生產製造的前置時間。
2. 產品生命週期愈來愈短。
3. 貨物運送速度愈來愈快。
4. 產品價格降價的速度非常快。
5. 資訊透過網際網路、全球資訊網路，能快速傳遞至全球各地。

二、效益

(一) 從企業的角度來看：1. 降低庫存壓力，減少存貨成本之積壓；2. 與上、下游建立完整的供應鏈系統，使得企業更具競爭效益；3. 可面對全球性之競爭，包括低價格、低成本、高速度、大規模等情勢。

(二) 從消費者的角度來看：1. 滿足消費者對產品個性化、多樣化之要求；2. 能獲得高效率及高品質的服務；3. 消費者能享受低價格、高品質的產品。

全球運籌管理形成原因

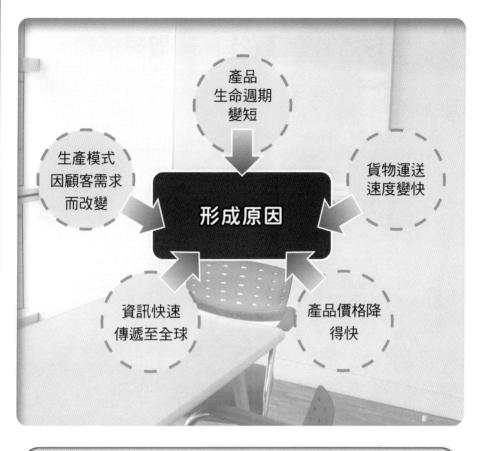

產品
生命週期
變短

生產模式
因顧客需求
而改變

貨物運送
速度變快

形成原因

資訊快速
傳遞至全球

產品價格降
得快

效益

企業角度	消費者角度
· 降低庫存壓力 · 建立完整供應鏈系統 · 可面對全球競爭	· 滿足消費者個性化等需求 · 高服務品質 · 低價格產品

Unit 4-3
全球運籌管理 (2) ——管理模式

　　全球運籌管理模式可能因產業性質不同而有所差異，隨著環境的變化，可能會不斷產生新的模式。

一、直接運送模式（Direct Shipment）

　　由於資訊產品的產品生命週期短，因此，其供應鏈之運作係以最短的方式完成，也就是工廠依據訂單，直接將消費者所需之產品送到其手上。

(一)**優點**：1. 低庫存；2. 快速反應市場價格變化；3. 品質控制較易；4. 物流費用可轉變為變動成本；5. 可簡化組裝的作業程序。

(二)**困難之處**：1. 原物料及零組件之備料前置時間應更為慎重；2. 過於複雜的組裝產品較不適用；3. 物流成本之推估，可能依配貨區域不同而有所差異；4. 需支付較高的運輸成本。

二、海外組裝中心模式（Configuration Center）

　　海外組裝中心係針對客戶實際訂單之要求（包括數量、規格等），在客戶所在地或其鄰近地區設立組裝中心，並就近出貨服務客戶。其過程是規劃中心依客戶實際需求，於加工組裝後運送到客戶手上。

(一)**優點**：1. 適合較複雜的訂單需求；2. 能提供即時性的當地支援工作；3. 組裝用之半成品同質性高，故總體成本較低；4. 可針對不同客戶要求之規格組裝複雜的產品；5. 與客戶整合性高，能提供更好的服務水準。

(二)**困難之處**：1. 不易對市場價格變動立即反應；2. 必須藉由二次品質控制才能保障產品品質；3. 對於長期庫存問題仍不易解決；4. 整體供應鏈的運作時間仍有改善空間；5. 海外組裝中心營運之固定成本仍無法轉為變動成本。

三、當地補貨中心模式（Local Buffer Center）

　　當地補貨中心係依傳統物流活動的做法，根據客戶實際要求之數量作為雙方交易的依據；庫存風險係由製造商承擔，將貨物送至客戶當地的倉儲中心，作為一補貨的中途站。也有人稱此模式為當地發貨中心（Local Hubs）。由於當地補貨中心模式依自有品牌及 OEM／ODM 兩種方式，可細分為自有品牌當地發貨中心模式與 OEM／ODM 當地發貨中心模式。

(一)**優點**：1. 只要選擇適當專業物流公司，即可立即運作；2. 依傳統物流作業程序，人員無須太多訓練；3. 低廉管理成本；4. 支援複雜的產品種類。

(二)**困難之處**：1. 庫存問題不易解決；2. 對市場價格之變動反應甚慢；3. 訂單處理之前置時間長，故必須依賴海外庫存；4. 海外庫存及倉管費用無法轉為固定成本；5. 貨物到達客戶時間較長。

　　除上述三種模式外，目前也另外形成兩種模式，包括戶到戶運送模式（Door-to-Door Shipment）及提貨中心運送模式（Line-Side Stocking Shipment）。這兩種模式的作業模式與直接運送模式相類似，而且更依賴專業物流公司的物流作業能力。

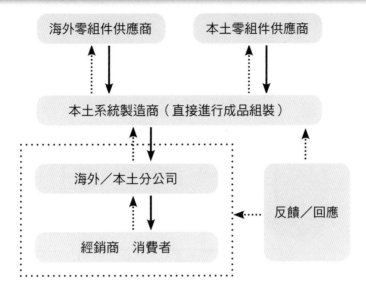

直接運送模式

海外零組件供應商　　本土零組件供應商

本土系統製造商（直接進行成品組裝）

海外／本土分公司

反饋／回應

經銷商　消費者

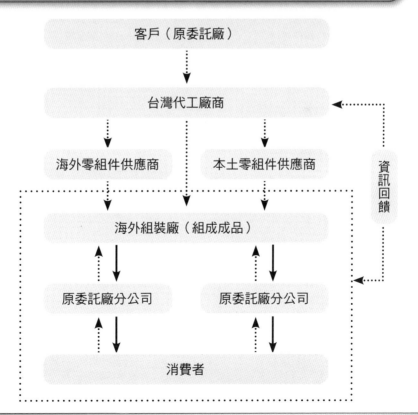

海外組裝中心模式

客戶（原委託廠）

台灣代工廠商

海外零組件供應商　　本土零組件供應商

海外組裝廠（組成成品）

資訊回饋

原委託廠分公司　　原委託廠分公司

消費者

自有品牌當地發貨中心模式

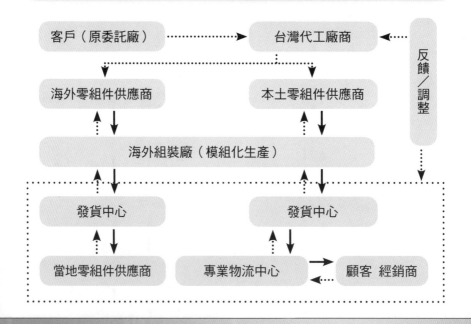

OEM／ODM 當地發貨中心

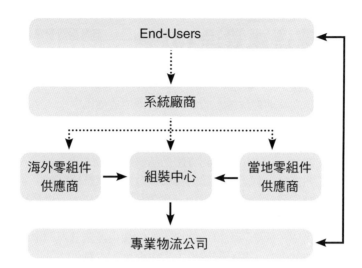

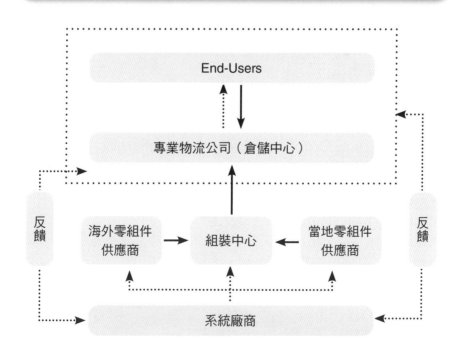

Unit **4-4**
全球運籌管理 (3) ──問題與做法

一、政府部門應配合之做法

1. 提供具優越商業地理位置及設立良好之港口或機場。全球運籌管理中有一項工作常為政府或企業所忽略，即是在全球運籌的電子化過程中，將實體貨品之移動加以忽略，這是一種非常嚴重的錯誤想法。
2. 快速通關能力，這亦是為達到實體物品快速移動的方法之一。
3. 完整之資訊體系。資訊基礎建設必須在政府政策及協助下，才容易完成，而完整資訊基礎建設是全球運籌電子化最基本的工作。所以，政府有必要努力建設完整的資訊體系。
4. 資金進出自由。國際資金自由進出，才能使得運籌管理的全球活動可迅速、正確、有效的進行。政府開放資金自由進出，才有可能落實全球運籌管理。
5. 建立適當之網路交易安全及體系。網際網路是全球運籌電子化活動中的工具，若政府無法建立適當之網路交易及安全體系，則在企業信任度不足的情形下，此項政策並不易全面性推廣，而只能僅及於少數之企業間。
6. 建置完善通訊環境，並協助企業發展電子商務之推動。
7. 建立更緊密的產業網路，加強企業間整合與聯繫能力。
8. 協助物流系統之整合。
9. 適當放寬土地限制，提供物流活動所需之土地。
10. 提供適用企業國際化的稅制環境。
11. 檢討相關之投資申請規定等。

二、企業應有之做法

1. 塑造全數位化之作業環境，建立 Internet 及 Intranet 之工作環境。
2. 建構軟硬體周全的資訊系統。
3. 制定標準作業流程（Standard Operation Procedure, SOP）。
4. 推動企業流程再造（Business Procedure Reengineering, BPR）。
5. 培育及吸收跨國管理人才。
6. 提高資金調度能力。
7. 建立企業資源規劃（Enterprise Resource Planning, ERP）系統。
8. 建構即時（Just In Time, JIT）作業模式。
9. 採用模組化產品設計。即是將製造程序規劃成不同的各自獨立模組，以便移動及重新安排組裝流程，以配合不同客戶或地區的生產訂單。作業時可依據程序延後、程序重新調整、程序標準化等三個原則辦理。
10. 企業生產、行銷與物流系統之整合。
11. 海外生產據點之定位與功能之確認。
12. 加強公司駐外人員與總公司之溝通與共識。
13. 善加整合與運用海外資源。

面臨問題

專業人才之不足
為配合全球運籌工作，企業內部需要各種相關專業的國際企業人才。

員工外語能力不足
相關外語能力成為基本的條件，至少英語能力需達到能談判、議價或執行管理溝通的要求。

資訊系統連接不易
各單位可能因原有資訊系統不盡相同，因此在進行整合上可能會遭遇困難。

員工心態之適應
企業唯有透過組織學習、企業流程再造、企業文化塑造等，始能促使員工儘快適應生產模式的改變。

相關法律問題複雜程度高
面臨兩項主要的法律問題，包括開發（設計）合約的法律，以及採購合約、品質合約、服務與支援合約等的法律。

應有之做法

政府部門	企業
1. 提供良好條件之港口或機場	1. 全數位化之作業環境
2. 快速通關能力	2. 軟硬體周全的資訊系統
3. 完整資訊體系	3. 制定標準作業流程
4. 資金進出自由	4. 推動企業流程再造
5. 網路交易安全及體系	5. 吸收跨國管理人才
6. 完善通訊環境	6. 提高資金調度能力
7. 緊密的產業網路	7. 建立 ERP 系統
8. 物流系統之整合	8. 建構即時作業模式
9. 提供物流活動使用之土地	9. 採用模組化產品設計
10. 企業國際化的稅制環境	10. 生產、行銷與物流系統之整合
11.簡化投資申請手續	11. 海外生產據點之定位與功能確認
	12. 加強駐外人員與總公司之溝通與共識
	13. 整合與運用海外資源

Unit 4-5
全球運籌管理 (4) ──營運體系與關鍵因素

一、全球運籌管理營運體系之基本能力

全球運籌管理營運體系之建構，必須具備相當的能力，否則可能發生更多後遺症而遭致客戶抱怨，甚至喪失訂單。茲將企業在全球運籌管理營運體系之基本能力說明如下：

(一)OEM／ODM 的能力：企業若本身在 OEM／ODM 模式上的生產製造能力都無法回應客戶的要求，則最好不要嘗試走向全球運籌管理的營運模式，以免造成更大的損失。

(二)物流管理能力：物流管理的工作是全球運籌管理中最重要的工作之一，不論是內部物流活動或外部物流活動，均可能造成產品成本的增加，因此，如何發揮物流管理能力是全球運籌管理中不得不重視的問題。運用專業物流公司或第四方物流的專業能力，已是逐漸受到重視的一種趨勢。

(三)財務能力：企業的財務能力目前已成為經營上的必備能力，它除了包括資金調度、資金籌措的能力外，尚應包括資金風險管理的能力。而全球運籌管理營運模式中，由於供應鏈整合程度的提高，對於財務能力的要求更為嚴格。尤其它又在跨國間運作，與國際間匯率、利率等之變化均有密切關係，所以，財務能力亦是全球運籌管理營運模式的基本能力。

(四)全球營運據點設置之能力：全球運籌管理營運模式因涉及許多據點的設置，包括行銷據點、生產據點等，它是關係其運作成功的因素，所以如何選擇適當據點，進而達到有效服務客戶的目的，並創造真正的供應鏈價值。

(五)協調整合全球營運體系中成員的能力：由於全球運籌管理營運體系中，所牽涉之成員包括上、中、下游間的廠商，不僅在觀念上必須相互協調整合，進而必須在作業流程、資訊交流等重要任務上，完整有效的推動整合工作，否則企業的整個國際供應鏈營運體系可能會不斷出現利益衝突的情形，甚至影響到供應鏈有效之運作。

二、全球運籌管理營運體系之聯盟關係

由於全球運籌管理營運體系必須內外均有效整合，才能使企業之國際供應鏈合為一體，運作上才能趨於一致。

(一)內部關係管理方面：由於企業在海外的分支機構多，因此，母公司與分公司之間的管理障礙亦隨之增加。因為在地理環境、文化等條件有所差異的情形下，造成溝通上嚴重的障礙。而各分支機構間亦可能相互競爭、相互攻擊，無法達成一致性的營運方向。所以只有有效進行內部整合，增加彼此之間的溝通，才不致於造成整個企業出現多頭馬車的情形。例如，宏碁公司每年均會將在海外分支機構的高階主管召集回總公司研

習，一方面藉以瞭解總公司的營運狀況及策略規劃，另一方面更是藉由彼此的溝通，建立共識。

(二)外部關係管理：一般而言，企業的外部關係必須是一個長期的合作夥伴關係。建立成功的長期合作夥伴常必須具備幾項條件：1. 對雙方均有利之共同目標；2. 雙方均能擁有之共同利益；3. 應有以客戶為價值鏈中心的觀念及做法；4. 雙方所投入之資源應處在適度的均衡狀態。

長期合作關係必須依賴於雙方的互信與承諾，雙方才能建立起有效溝通管道，進而達成資訊交換與共享的目的。

營運體系

基本能力

- OEM / ODM 的能力
- 物流管理能力
- 財務能力

- 全球營運據點設置之能力
- 協調整合全球營運體系中成員的能力

聯盟關係

- 內部關係管理
  母公司與分公司之間管理障礙增加

- 外部關係管理
  建立成功的長期合作夥伴關係

關鍵因素

資訊技術

全球運籌工作之推動具備即時性、正確性、準時性等特性，也就是強調速度與彈性。在 BTO、CTO 的生產模式中，若缺乏具備良好的資訊科技，全球運籌工作是不可能運作的。

物流公司的支援與服務

物流公司所能提供的服務或支援模式，至少有下列四種可茲運用，說明如下：

1. 包括庫存、倉儲、運輸、配送管理之完整委託。
2. 委託經營物流中心或發貨中心。
3. 承租物流公司的倉儲進行發貨。
4. 處理國際優先分送服務。

Unit **4-6**
全球運籌管理 (5) ──法律問題

一、開發（設計）合約之法律內容

1. 開發或設計合約的產品說明與規格。
2. 開發或設計時程、設計規格與遲延責任。
3. 第三人提供技術或智慧財產權之相關問題：(1) 內容為何？ (2) 何方取得授權？ (3) 何方支付授權費用？
4. 關鍵技術之授權、著作權或電腦軟體之授權、開發或設計成果之歸屬。
5. 開發進度報告或審查時間。
6. 擔保或保證規定：(1) 相關技術、智慧財產權等之授權問題？ (2) 發生侵權行為時，應由何人負責？
7. 品質與測試計畫之規範在不符合預計的目標時，可作為解約之依據。
8. 保密條款。
9. 試產的時程、數量與相關規定。
10. 商標授權。

二、採購合約之法律內容

1. 價格：除一般價格規定外，全球運籌體系的採購合約中，更常有規定一定期間內價格維持不變的特殊要求。
2. 主要採購產品之規格。
3. 採購期滿後之存續規定。
4. 訂單：全球運籌體系中之訂單處理與一般訂單有許多相同之處，但是最大不同點在每月或每季的上下限規定，並約定逐月或逐季於上下限之內協商最佳的交貨數量。有些甚至規定購買預測的發出期限與確認期限。
5. 交貨條件與取消訂單之相關規定：由於全球運籌體系之交貨為即時交貨，故其交貨條件較一般者為嚴格。也就是除運送通知期限、運送方式、運交地點等外，尚對交貨計算地點、風險移轉時點、變更交貨日期、遲延交貨的變更交貨方式、是否提前交貨等有所規範。甚至對取消訂單的限制，出貨前一定期間內可容許變更訂單數量、變動幅度等有相關規定。

三、品質合約之相關內容

一般國際大廠可能對其供應商要求簽訂品質合約，以保障其產品品質。大致包括品質系統之鑑定、效能分析、品質計畫之推行、量測準確度分析、製造品質要求、製造商企業再造、測試診斷等。

四、服務與支援合約之相關內容

　　服務與支援合約之內容大致分為保證範圍內之服務與支援、對非保證範圍內之服務支援與售後服務兩大方面。包括確保服務與支援的貨源、服務與支援的管理及維修、相關文件之備置、訓練課程與人員之提供、標記與條碼、包裝等等。

開發（設計）合約之法律內容

其他尚有：
1. 專屬權利之專屬期間，即是經過專屬期間後，廠商始能將產品售予他人。
2. 合約有效期間。
3. 契約的終止補償規定。
4. 其他一般契約條款，例如準據法，管轄法院、仲裁條約、合約份數等等。

採購合約之法律內容

其他尚有：
1. 擔保條款：擔保條款係指對產品責任的保證，除保證期限之規定外，亦可包括維修、售後服務等規定。
2. 檢驗及接受條件。
3. 其他重大承諾事項。
4. 其他一般契約中所具備之條款，例如保密協定、智慧財產權之授權、契約之終止與解約、不可抗力事件之規範、補償條款等。

品質合約之相關內容

服務與支援合約之相關內容

Unit **4-7**
快速回應系統 (1) ──定義與實施原因

一、定義

何 謂 快 速 回 應 系 統（QR / ECR, Quick Response 或 Efficient Consumer Response）？它是企業與企業之間互相流通資訊及分享資訊，藉以提升企業競爭力的解決方案。所以，它是利用一個方法，使產品能更快、更好、更經濟有效的傳遞至消費者手上。為了進一步說明，一般可從不同角度觀察之：

1. QR / ECR 是結合上、中、下游各通路之成員，在產品介紹、產品促銷、產品銷售、產品補貨等方面共同努力，進而達到更有效地服務消費者，並滿足消費者的需求。

2. QR / ECR 是利用現有的管理及科技，加以整合，設法降低作業成本及因應時間，且可達成提高產品的服務品質。

3. QR / ECR 是綜合一些經證實有用的方法及工具，並將之運用於整個價值鏈的不同產品項目。

4. QR / ECR 的目的在消除企業夥伴間原有的一些障礙，以減少時間、金錢之浪費。

5. QR / ECR 是一段持續改善的過程，隨著使用者的增加，其效益會愈來愈多，進而又吸引更多企業夥伴的參與。

二、緣起

QR 於 1986 年起源於美國，以美國主要平價連鎖體系（如 Walmart、K-Mart）及成衣製造商為主力開始推動。原因是美國成衣製造平均週期為 125 天，在存貨成本高、缺貨率高的情形下，無法與其他國家競爭。因此，美國零售商與製造商合作縮短製造、配銷等流程，最後終於達到存貨成本降低、週轉率提高、缺貨率低的目標，而使美國成衣業起死回生。這種做法使其週期縮短至 30 天，每年約節省 130 億美元。

ECR 則是由美國超級市場上、下游業者在 1992 年主導推動。P&G 日常用品等製造商為主力，與民生消費品零售商合作推動，在各個零售體系推動 P&G 公司開發的系統，減少供應鏈中不具價值的過程，以「拉」的方式直接回應消費者的需求，並將這些效率化所產生之效益回饋給消費者。其實施策略包括效率化商品管理、效率化補貨、效率化促銷、效率化資訊產品上市等。

定義

快速回應系統係指企業與企業之間，互相流通資訊及分享資訊，藉以提升企業競爭力的解決方案。
1. 結合上、中、下游各通路成員。
2. 整合現有科技與管理。
3. 綜合經證實有用的方法及工具。
4. 消除企業夥伴間原有之障礙。
5. 一段持續改善之過程。

實施原因

由於實施 QR / ECR 能產生很大效益，因此，世界上許多國家均積極推動此項工作。以下是一般國家實施 QR / ECR 的原因：

消費者日趨成熟
隨著所得提高、生活水準的改善，消費者的消費行為日趨成熟，而且對廠商服務、產品品質的要求也愈來愈嚴格，使得廠商不得不開發出更多產品及不斷改善品質，以滿足消費者的需求。

市場競爭激烈
各種通路系統快速成長，以致造成通路水平競爭、通路垂直競爭，使得原有傳統通路受到極大威脅，甚至更多國外產品的進入，使得市場競爭更為激烈。

市場成長的停滯
因市場競爭激烈，許多公司在經營上受到很大挑戰，在作業成本下降不易的情形下，市場的成長受到一定程度的限制。

供應鏈未能順暢
各企業在競爭的立場上，各自保護自己的利益，以致上、中、下游供應鏈未能通暢，造成交易資訊不流通，而大幅提高交易成本。

Unit 4-8
快速回應系統 (2) ──實施條件與重點

一、QR 和 ECR 的比較
(一)QR 和 ECR 的共同點

包括：面臨相同外部環境、必須適應供應商與批發商關係之改變、來自共同威脅、追求共同目標、擬定共同戰略、常產生共同錯誤。

(二)QR 與 ECR 的差異

1. 產生時間點不同：QR 在 1986 年由 Walmart 等業者為提高流通效率所提出，ECR 則在 1992 年由 P&G 等業者提出。
2. 應用行業不同：QR 適合銷售普通商品的零售店，ECR 主要應用於食品行業。
3. 著重點不同：ECR 重視的是效率和成本，QR 則是在於補貨和訂貨速度。

二、實施條件
(一)企業夥伴必須相互信任：由於 QR／ECR 必須進行資訊交流及資訊分享，以消費者需求為導向，因此唯有上、中、下游企業夥伴互相合作、互相信任，才能夠真正達到資訊分享的目的，進而才有可能落實 QR／ECR 計畫。

(二)參與企業均必須進行企業再造：由於企業必須配合其他夥伴的作業，企業內部一些作業流程有必要重新改革，而且為了資訊系統的溝通，亦應經由雙方溝通討論後，改善彼此間的企業流程。

(三)商品可加以辨識：資訊交流及分享，必須透過資訊技術完成，故商品如何能快速經由機器之辨識而轉化為資訊，成為 QR／ECR 計畫的基本條件，例如目前條碼制度便是其中一項。

(四)資訊能快速的交換：可快速、正確的進行資訊交流與分享。

(五)企業夥伴間的交易條件簡單化、合理化：使企業夥伴之間容易明瞭，且易接受。

三、實施重點
(一)供應管理：包括：1. 自動補貨（Continuous Replenishment Process）；2. 接駁式轉運（Cross Docking）；3. 自動訂貨（Automated Store Ordering）；4. 同步生產（Synchronized Production）；5. 可信賴的作業（Reliable Operation）；6. 供應商整合（Integrated Suppliers）。

(二)需求管理：在需求管理方面，運用正確的資料蒐集分析方式來瞭解消費者之實際需求，並據此安排有效之銷售方法，包括：1. 建立策略及基礎建設；2. 產品組合；3. 產品促銷；4. 新產品介紹。

(三)技術應用：從供需雙方來觀察，雙方的互信、資訊互相交流與分享是必要的，且透過資訊技術之應用。一般運用的技術包括：1. 電子轉帳（Electronic Fund Transfer）；2. 電子資料交換（EDI）；3. 條碼系統（Item Coding）與資料庫維護；4. 作業基礎成本分析（Activity Based Costing）。

QR 與 ECR 之比較

兩者共同點

- **面臨相同外部環境**：QR 和 ECR 都受到兩種外部環境的影響。第一，經濟環境競爭加大，零售商必須設法保持顧客忠誠度。第二，零售商和供應商之間的交易情形已發生變化。基於通信科技的進步與應用之延伸，零售商愈來愈走向全國化與全球化，交易的影響力已逐漸由零售商在主導。
- **必須適應供應商與批發商關係之改變**：由於供應商和零售商或批發商互動關係的改變，相互信任度降低，因此必須調整兩者間的關係，以實現供應鏈的整體價值。
- **來自共同威脅**：零售商主要威脅來自大型綜合超市、廉價店、量販店、折扣店等零售形式。供應商的壓力則因自有品牌商品的快速成長，威脅其市場占有率。
- **追求共同目標**：威脅使得零售商和生產商必須採取合作，在共同目標上，向消費者提供低成本商品，以達成高效率供應鏈的目標。
- **擬定共同戰略**：QR 和 ECR 都重視供應鏈的核心業務，針對補貨、品類管理、產品開發和促銷等業務重新設計，以消除資源浪費。
- **常產生共同錯誤**：兩者常以為 QR 和 ECR 是科技的問題，但事實上除科技外，資訊在供應鏈系統中快速、正確、及時地移動，與行銷、店內經營和物流等方面的運作，亦是成功關鍵因素之一。

實施條件

企業夥伴必須相互信任	參與企業均必須進行企業再造	商品可加以辨識

資訊能快速的交換

企業夥伴間的交易條件簡單化、合理化

實施重點

供應管理	需求管理	技術應用

Unit 4-9
共同規劃、預測與補貨系統 (1) ──由來與特性

　　共同規劃、預測與補貨（Collaborative Planning Forecasting and Replenishment, CPFR），它是企業間作業流程，運用相關的作業流程整合技術，達到整合供應鏈系統的合作過程；並透過共同作業流程和資訊共享來改善零售商和供應商的夥伴關係，藉以提高預測準確度，達到提高供應鏈效率、減少庫存和提高消費者滿意程度之目的。企業導入 CPFR，則等於改變企業間的關係，即整體供應鏈如同一個虛擬企業，故必須共同參與建立一個共同規劃、預測與補貨系統。

一、CPFR 由來

　　全球正面臨激烈市場競爭和快速多變的市場需求，致使企業面臨不斷縮短交貨期、提高品質、降低成本和改進服務等壓力，造成供應商、製造商、批發商和零售商不得不進行合作。供應鏈必須整合供應商、製造商、批發商、零售商和其他合作夥伴，同時也要涵蓋功能、文化和人員等項目，因此有必要重新思考供應鏈組織成員間的合作夥伴關係和運作模式。

　　CPFR 最早是 Walmart 所推動的 CFAR，CFAR（Collaborative Forecast And Replenishment）是運用網路促成零售企業與生產企業的合作，共同做出商品預測，並進行連續補貨。在 Walmart 的推動之下，以資訊共享的 CFAR 發展成為 CPFR，也就是合作企業實行共同預測和補貨外，同時整合相關企業的計畫，如生產計畫、庫存計畫等。

二、CPFR 的特性

(一)共同合作：CPFR 的合作關係要求供應鏈成員長期持續進行開放溝通與資訊共享，進而發展共同策略。第一步就是簽署保密協議、建立糾紛機制、確定供應鏈計分卡項目及共同目標。

(二)規劃：共同規劃品類、品牌、分類、關鍵品類銷售量、訂價、庫存、安全庫存等。另外，尚需要共同制定促銷計畫、庫存計畫及倉儲計畫。

(三)預測：CPFR 必須做出共同預測，以處理季節因素和趨勢資訊，對服裝或相關品類的業者更為重要。共同預測能減少供應鏈體系的低效率，並降低供應鏈資源的浪費。它不僅是供應鏈成員共同做出最終預測，同時也重視共同參與預測回饋資訊處理和預測模型的制定和修正。

(四)補貨：銷售預測必須利用時間序列預測和需求規劃系統轉化為訂單預測，並在相關條件（例如，訂單處理週期、前置時間、訂單最小量及購買習慣等）下，進行協商解決。根據 VICS（產業共同商務標準協會）的 CPFR 指導原則，共同運輸計畫也被視為補貨主要因素之一，同時例外狀況也需在計分卡基礎下，共同協商解決存貨比、預測準確度、安全庫存、訂單比例、基本供應量等問題。

定義

1. 它是企業間作業流程。
2. 運用相關作業流程整合技術。
3. 整合供應鏈系統的合作過程。
4. 透過共同作業流程和資訊共享來改善零售商和供應商的夥伴關係。
5. 達成提高供應鏈效率等目的。

由來

該系統是在 1995 年，由 Walmart 與 Warner Lambert、SAP、Manugistics、Benchmarking Partners 等公司組成工作小組，進行 CPFR 的研究。在 CPFR 取得初步成功後，由零售商、製造商和軟體業者等參與 CPFR 委員會，並與 VICS（Voluntary Interindustry Commerce Solutions）協會共同推動 CPFR 標準制定、軟體開發和推廣應用工作。

特性

1. 共同合作：供應鏈成員建立長期合作關係。
2. 規劃：共同規劃品類、品牌、訂價、庫存等。
3. 預測：由供應鏈成員共同做出最終預測。
4. 補貨：在相關條件下進行協商。而共同運輸計畫也被視為補貨主要因素之一。

Unit 4-10
共同規劃、預測與補貨系統 (2) ── 推動步驟

買賣雙方依供應鏈成員的權力結構與專長，選擇最佳合作的運作架構，作為彼此權責劃分與互動之依據。供應鏈的共同合作與決策，可以分為：共同規劃、共同預測，以及共同補貨三個階段，買賣雙方在進行共同協作之前，應先確定角色架構。

CPFR 推動步驟之特性為協助上、下游成員共同規劃銷售、訂單的預測，以及例外（異常）預測狀況的處理，即包括共同規劃、共同預測及共同補貨等三個階段，步驟一與步驟二屬於共同規劃，步驟三至步驟八屬於共同預測，步驟九則為共同補貨。

一、共同規劃

共同規劃之目的是在於使供應鏈成員間的規劃，能確定協同作業關係（如協同合作商品、共享資料、異常狀況）與確定協同之商業流程範圍（如合作目標等）。

第一階段：建立合作的關係。買賣雙方應共同建立合作正式協議，其內容包括確定合作目標、績效衡量指標、共同合作範圍、共享資料（包括人員、資訊系統、專業能力）、例外狀況處理原則、商業流程、互動方式與技術、檢討時程與機制。

第二階段：建立聯合商業計畫。包括買賣雙方合作產品營運計畫、共同定義之品類及銷售目標、訂單最小值、出貨前置時間、安全存量。

二、共同預測

共同預測可分銷售預測與訂單預測，前項考慮市場需求，後者則以銷售預測結果為依據，並考量產能狀況下預測可能的訂單。

第三階段：建立銷售預測。使用最終消費者資料預測特定期間之產品銷售，來源包括 POS 資料、出貨資料、季節、天氣、事件（如廣告、促銷）等資料。預測結果分為基本需求與促銷需求。

第四階段：辨識銷售預測可能出現問題的例外品類。例如暢銷產品，應予以監控，以調整策略。

第五階段：共同處理例外品類。異常發生時，供應鏈應採取相關措施以因應對庫存的衝擊。

第六階段：建立訂單預測。訂單預測常由供應商主導，依銷售預測或實際銷售情形，考量製造、倉儲、運輸產能等限制條件，擬定未來各時程訂單。

第七階段：列出訂單預測可能出現問題的例外品類。此階段與第四階段類似，應注意可能出現問題的例外品類，並加以監控。

第八階段：共同處理例外品類。此階段與第五階段類似。

三、共同補貨

第九階段：下單補貨。經過共同規劃、預測階段後，共同補貨決策難度將大幅降低，根據事先議定訂單的預測結果產生訂單，供應商亦可採取供應商管理庫存方式，自動補充零售商的存貨。

推動步驟

共同規劃

第一階段
建立合作關係
買賣雙方應共同建立合作協議。

第二階段
建立聯合商業計畫
買賣雙方合作產品營運計畫等。

共同預測

第三階段
建立銷售預測
使用最終消費者資料預測特定期間之產品銷售。

第四階段
辨識銷售預測可能出現問題的例外品類
例如暢銷產品。

第五階段
共同處理例外品類
異常發生時，應有因應措施。

第六階段
建立訂單預測
通常由供應商主導。

第七階段
列出訂單預測可能出現問題的例外品類
與第四階段類似。

第八階段
共同處理例外品類
與第五階段類似。

共同補貨

第九階段
下單補貨
經過共同規劃、預測階段後，將大幅降低共同補貨決策的難度。

Unit 4-11
共同規劃、預測與補貨系統 (3)──主要原則與合作關係

　　CPFR 的延伸可分為下列幾種方式，包括擴展至其他 CPFR 後續活動，如擴展共同規劃至共同銷售預測、增加合作品項、加入新夥伴、增加資訊的詳細度、自動化共同合作流程、與上下游企業進行流程整合。

一、CPFR 有助於解決執行作業流程之問題

　　企業導入 CPFR 有助解決下列作業流程的問題，包括：資料正確性不足；先擬定財務計畫，再進行預測工作；供應商規劃不具整合性，而只是趨向於較高存貨率、較低訂單達成率，以及增加緊急應變的活動；商品補貨的採購與促銷的採購兩者間並沒有適當的協調；零售商期望供應商的服務水準達 100%；供應商問題常發生在零售商，因前置時間短，以致供應商常來不及因應需要。

二、建立 CPFR 的主要原則

1. 交易夥伴間架構及作業流程的重點，係以滿足消費者需求和整個供應鏈的成功為導向。
2. 交易夥伴管理消費者需求預測時，係以整個供應鏈為規劃。
3. 在排除供應鏈流程的限制下，交易夥伴透過風險承擔共同分享預測。

三、企業導入 CPFR 之效益

1. 企業交易夥伴共同擬定一套預測計畫，共同參與預測，共同承擔風險，採共同標準指標進行績效評估。
2. 製造商庫存量減少且改善客戶服務水準，同時零售商能確保其訂單是正確的。
3. 共同投資資訊系統的成本較低。
4. 有利於降低營運資金提高，進而提高整體投資報酬率。

四、CPFR 的合作關係

(一) CPFR 的合作夥伴關係：CPFR 的合作夥伴關係分為三個層級。第一層為決策層，主要是零售商和供應商領導層的關係管理，包括企業聯盟的目標和策略制定、跨企業的作業流程建立、企業聯盟的資訊交換和共同決策。第二層為作業層，主要是 CPFR 執行，包括制定聯合作業計畫，建立共用需求預測系統，並共同承擔風險和平衡合作企業能力。第三層為內部管理層，主要是負責企業內部的運作和管理。在零售環境中，以商品或分類管理、庫存管理、商店運作和後勤為主；在供應環境中，以顧客服務、行銷、製造、銷售等為主。

(二) 合作企業的價值觀：推動 CPFR 工作需要合作企業調整對本身、顧客和供應商的看法。CPFR 的合作企業價值觀至少包括第一，以雙贏的態度看待合作夥伴和價值鏈相互作用。第二，為供應鏈成功運作提供持續保證和共同承擔責任。第三，承諾不採取違背約定的做法。第四，承諾落實跨企業、合作團隊的價值鏈。第五，承諾制定和維護產業標準，以利於合作夥伴的資訊共享和合作。

CPFR 導入時應考量之問題

第一階段：評估供應鏈的現況
包括合作夥伴的企業文化、IT 使用的優先順序、解決方案的採用狀況、CPFR推動之遠景（目標、牽涉部門、品類、評估專案成功的關鍵指標）、交易夥伴參與能力之評估。

第二階段：定義專案的範圍和目標
包括參與者責任確定（預測、訂單、技術）、階段性合作之品類及物流中心之設定、績效評估予以量化。

第三階段：準備共同合作相關事項
包括合作所需資源、企業流程、異常事項處理工作之規劃、教育訓練。

第四階段：執行共同規劃、預測與補貨九階段
包括執行合作項目、資訊科技建置、檢討。

第五階段：評估績效及下階段的規劃與活動
包括合作關係、營運流程、支援合作之資訊科技的績效評估、下一階段計畫擬定。

主要原則

| 交易夥伴間架構及作業流程的重點，為滿足消費者需求與供應鏈的成功 | 管理消費者預測，係以整個供應鏈為考量 | 交易夥伴透過風險承擔共同分享預測 |

合作關係

合作夥伴關係

- 決策層　　　　　　　　· 作業層　　　　　　　　· 內部管理層

合作企業的價值觀

· 採雙贏態度看待合作關係
· 持續保證和共同承擔責任
· 不違背約定

· 承諾落實合作團隊的價值觀
· 承諾制定和維護產業標準

Unit 4-12
電子採購 (1) ——基本概念

一、電子採購之目的

1. 放棄人力、書面的作業程序，且提供企業全面性的員工自助式採購方式，以增進效率並降低勞動成本。
2. 貫徹實施合約採購，清除各自為政的採購方式。
3. 蒐集精確有用的資訊（依供應商、採購項目分類），以作為決策支援之用。
4. 依供應商能力，排列出優先次序，以作為策略性採購之依據。
5. 在不違背企業作業規則下，儘可能授權第一線員工處理相關的交易活動。
6. 透過整合內部與外部供應商流程及系統，以使供應鏈之作業更為順暢。
7. 電子採購能使企業高階主管重視採購程序的重要性及其策略性本質，從而瞭解採購與企業利潤間之密切關係。

二、電子採購之優缺點

(一) 優點

1. 對買方而言：電子採購對買方而言，不僅使其企業的採購人員投注更多時間在策略性採購上，也提供一個簡單且有效的辦法，進行桌面式的採購（即是不必處處均由採購專員辦理採購工作）。
2. 對賣方而言：電子採購對賣方好處亦多，因為廠商無須投入大量資金進行設備投資，尤其對於產業核心的廠商，電子採購更可協助其擴大市場，並能以價格替代私人情誼，增加競爭機會。

(二) 缺點

1. 系統之間的整合：由於系統的整合問題與各系統間的溝通能力及相容性有密切的關係，而現實環境中，包括伺服器、作業平台、程式設計語言，及用此設計應用程式及使用者介面的物件結構、瀏覽器、套裝軟體等，均有整合上之困難度。
2. 初期投資成本：一般而言，從實務可看出電子採購的初期投資成本相當可觀。採購電子採購應用軟體的費用，僅是採行全面性電子採購總成本的一小部分，一般不易變動的成本可能超過其 5 至 10 倍。已有業者提供「使用者付費機制」或是「軟體出租方式」，這些做法均可適度降低企業導入成本。
3. 安全性、可靠度及買賣雙方關係：電子採購中最被注意的問題是安全議題，包括，第一，網際網路上之交易，本質上便不甚安全；第二，電子採購必須在雙方之間進行密集而大量的資訊交換，而這些資訊（如財務數據、訂價模型、策略計算、新產品預定上市時程等）均與企業核心競爭流程有高度相關。
4. 採購流程與企業文化的根本改變：電子採購是一種全新的工作方式，採購流程與行為、思考的模式均必須要有大幅度的改變。

特性

大幅降低日常採購成本

在電子化公共場所交易

由各產業龍頭企業共同
建構垂直產業電子交易市集

從客戶到供應商間的所有
作業流程、資訊結合成一體

優點

對買方而言
1. 更快速、便捷的訂購流程；2. 降低交易成本；3. 可以選擇不同供應商；4. 減少各部門自行採購的做法；5. 建立標準化的採購作業流程；6. 選擇經合約購買的項目或直接在現貨市場採購；7. 減少無效率採購的書面作業；8. 精簡採購作業流程；9. 降低庫存；10. 資訊共用。

對賣方而言
1. 擴展銷售；2. 降低營運成本；3. 提升效率。

缺點

系統之間的整合
目前克服此問題的做法是，第一，等待 ERP 供應商開發出完全支援電子採購的更新系統；第二，依賴專業電子採購網站的經營者能透過多方合作，開發出高溝通能力與相容性的軟體程式。

初期投資成本
包括：1. 型錄及其內容的設計；2. 顧問費用，包括系統執行、流程改善、變革管理等；3. 供應商之協商和協助；4. 授權、維修及其他系統相關費用；5. 教育訓練；6. 系統整合；7. 因此專案在非生產時段所使用之內部資源。

安全性、可靠度及買賣雙方關係
技術問題隨未來數位認證技術（Digital Certificate Technology）的逐漸成熟，將日趨安全；再加上 Public Key Infrastructure（PKI）的安全性解決方案之推出，在安全上有更大的保障。

採購流程與企業文化的根本改變
這代表著工作角色與責任的改變，因此必須重新分配那些業務被縮減的人員，公司內部必須進行再教育訓練工作。

Unit 4-13
電子採購 (2)──平台

一、考量因素

(一) 流程效率

流程效率的改善不僅只是在消除書面作業及人為介入，同時也能從間接採購的選擇與下單回歸至員工的桌面，也就是將採購選擇權賦予員工個人。

電子採購的主要特色是使用者能在線上目錄中找到所需項目，創造一份電子請購單，送請核准後，直接創造成一份訂單，並傳送至供應商，同時協助達到付款及發票流程自動化。

此系統之核心在於線上目錄，這些目錄提供的資料包括產品說明、規格尺寸、供貨能力、前置時間、供貨政策、到貨時間表、協商條文、條件、貨品折扣等。另外，其請購及核准流程係以自動化方式改動，並將之轉為電子採購單，同時自動整合進入買方的 ERP 和後端作業系統。

(二) 對採購規範之遵行

提供一套人人可使用且具人性化的採購系統，使採購交易的責任由採購部門移轉至第一線員工，即移至個人電腦桌上，使採購人員從事更專業策略性採購工作。

(三) 槓桿效能

由於電子採購能提供完整的報表工具及決策支援工具，協助專業採購人員能檢視其企業的採購模式，提供較可靠的資訊，以便瞭解企業的績效、對採購規範之遵行，以及實行比較式採購（Comparative Buying）的效率或供應商選擇的效率。

二、電子採購平台類型

(一) 共同招投標管理系統

是一種共同及整合的招標採購管理平台，使各種用戶能在一個具個別化的資訊平台中共同工作，且不受時間與區域的限制。它可在平台上進行招投標的管理工作，也就是在線上完成招投標的工作。

(二) 電子目錄採購系統

即是整合辦公室自動化、產品目錄管理、供應商管理及電子採購等之一種解決方案。可解決客戶內部採購系統的作業流程及規定，在符合自身招標採購、競價採購等需求下，能有效管理供應商與產品目錄。此系統模組包括工作引擎、流程監控、電子檔案管理、產品目錄管理、線上投標、線上關標、許可權管理、契約管理。

(三) 企業競價採購平台

它是一種供應商之間或供應商與採購商之間的線上競價採購管理平台。競價採購是將採購招標和網上競價加以整合的一種採購方式，而此系統可根據工業品的特性，由採購商制定品質標準、競價規則，透過 B2B 方式，使採購商找到更好的供應商。經過各賣方的競價競爭過程，減少人為因素的干擾。

考量因素

流程效率

· 請購
此系統在提供客製化供應商名冊與電子目錄，並可用搜索引擎，協助員工找到所需採購之項目。

· 核准流程
此系統亦提供郵件式核准工作流程工具，能夠依據不同核准參數達到客製化目的。

· 訂單管理
此項功能包括統一且自動化下單、送貨、補貨、及收貨和發票核准功能，而且可做到請購單數量與採購單數量自動化核對。

· 簡易帳單與統一登入
此功能可自動通知付款單位，無須印製書面發票，且不必與原請購單比對。

· ERP 與 CMM 系統整合
透過企業的電腦化維修管理系統（CMM），直接交換有關預測、採購、庫存量、供貨進度等資訊。

· 決策支援
此系統也應提供具彈性的報表選項。

· 資產管理
對設備更換需要之推估有相當大的助益。

對採購規範之遵行

自助式採購模式必須改善員工的行為模式

槓桿效能

實行比較式採購的效率或供應商選擇的效率

電子採購平台類型

共同招投標管理系統	電子目錄採購系統	企業競價採購平台

Unit **4-14**
電子採購 (3) ——系統建置原則

一、確定高階領導人全力支持與全程參與

許多專案的成功，與主要領導者的支持和參與有密切關係。

二、電子採購系統應與整個電子商務策略緊密連結

由於組合式的電子商務專案相當普遍，但推動時仍應妥善排定優先順序，並加以協調整合。

三、建立合理可行的營運方案

對於那些對採購工作視為官僚、黑箱作業的組織內領導者而言，成立一個合法正當的專業方案，有助於獲得支持。而且有必要對合理可行的營運方案之有關重要事項，加以分析。

四、妥善規劃指導原則

企業內部高階主管對電子採購系統建置的基本指導原則，必須建立共識，因為它主導整個專案的進行方式與最後成果。

五、設計強而有力的變革管理計畫

設計強而有力的變革計畫，使專案之推動較為順利，且可緩和員工與組織上下面臨變革時之壓力。

六、重新設計企業流程

企業在正式導入電子採購系統時，必須先行重新設計企業流程。

七、其他重要項目

（一）系統整合的問題

（二）供應商的評估與選擇

（三）管理顧問方面：管理顧問的工作，許多非為組織內員工所能為。

1. 必須專業管理顧問協助項目：(1) 最佳採購實務的策略方針；(2) 委外處理或內部自行處理的策略性建議;(3) 最佳電子採購實務的作業流程;(4) 變革管理；(5) 流程管理與專案管理；(6) 流程規劃與再設計；(7) 評估並參與競標、資訊交換及交易社群；(8) 針對內部財務整合、付款流程，及協力廠商財務服務支援而設計之財務與付款服務作業；(9) 技術架構與設計；(10) 資料管理；(11) 安全性議題；(12) 特殊服務項目，如型錄管理、買賣系統管理等。

2. 管理顧問的新責任：(1) 管理顧問應瞭解協助企業朝向電子化整合的處理環境，必須投入更多的努力等。

3.企業降低過分依賴管理顧問的方法：(1) 切勿將專案的成功，完全歸功於單一管理顧問公司，內部成員之努力更是功不可沒；(2) 企業應指派一位能力過人的專案總理（此為此專案的最高實際執行者），直接向總經理負責，並對專案成敗負起全部的責任等。

系統建置原則

確定高階領導人全力支持與全程參與
尤其在推動初期，高階領導者必須親自參與、公開討論一些重要議題，例如，電子採購系統專案之預期目標為何？

電子採購系統應與整個電子商務策略緊密連結
必須考量的決策包括：1. 是否應將 ORM（營運資源管理）列為關鍵核心？2. 是否應將 MRO（保養修理作業）協同整合至直接採購中？

建立合理可行的營運方案
其相關工作包括：1. 分析採購流程；2. 詳細記錄交易成本；3. 完成採購合約的分析；4. 彙整分析提案需求；5. 彙整分析供應商的資料；6. 檢視現在與未來可能採用的付款策略。

妥善規劃指導原則
原則愈清楚，參與人員將會有遵循的方向。

設計強而有力的變革管理計畫
這些方法包括高階管理者應完全瞭解並認同此專案的最終目標、採用方法及進程規劃等。

重新設計企業流程

其他重要項目

1. 系統整合

2. 供應商的評估與選擇

3. 管理顧問

Unit **4-15**
電子交易市集 (1) ──基本模式與成員

　　基本上，電子交易市集並不只是資料整合，而且包括流程的整合。從流程的角度來看，電子交易市集主要是處理企業的採購／銷售流程，而且必須與工廠內部的生產排程、物料規劃等流程相整合，才能發揮效益；也就是，企業應將之納入企業整體電子商務策略中。

　　在實務上，有三種型態的產品最值得加入電子交易市集（e Marketplace），簡單說明如下：1. 量大但產品高度標準化的產業（如汽車、鋼鐵、紡織、石化、化學藥品等）；2. 產品生命週期短、市場變化快速的產業（如 PC 或 DRAM 產業）；3. 供應生產間接物料的公司（如飲用水、紙張、辦公家具和文具用品等）。

一、電子交易市集之優點

　　包括：1. 改善流程效率；2. 減少產品成本；3. 增加資訊；4. 淘汰劣質採購；5. 促使供應鏈更為合理；6. 改善服務。

二、電子交易市集之成員

　　完整的電子交易市集應是立基於一個電子化基礎建設而生。而電子化基礎建設包括運籌管理、應用軟體租賃、委外服務、競標解決方案、內容管理軟體、系統整合軟體、電子商務促成技術及企業資源規劃軟體等之廠商，也就是整個電子市集的後端。所以從上述說明，電子交易市集之成員大致可區分為下列六種：

　　(一) 買方（Buyer）：電子交易市集中的買方，可利用電子市集的功能增加對供應商的選擇，減少中間商層級，並透過賣方競價，降低成本，使本身之流程與上游供應商更緊密地結合。

　　(二) 賣方（Seller）：電子交易市集中之賣方，可透過電子市集之運作，找到更多的買主。

　　(三) 電子市集經營者（Market Maker）：電子市集的經營者可能是買方或賣方，或是第三者，它主要是提供買賣雙方有一個交易的場所，促使雙方交易效率提高，以及交易成本降低。

　　(四) 內容提供者（Content Provider）：內容提供者係指廠商或產品目錄管理者，內容提供者的價值除在資料庫外，更重要的是內容的維護與更新。

　　(五) 附加價值提供者（Value Service Provider）：附加價值提供者包括網路資料中心、應用軟體租賃服務業者等。

　　(六) 促成者（Enable）：促成者本身不參與交易市集的買賣，但提供工具為企業整合軟、硬體和相關服務，建置交易市集。可知促成者係提供企業發展電子市集的基礎平台與技術，任何產業都可透過他們建構電子市集平台，進而進行採購活動。

功能

價格
包括詢價、議價、競價或拍賣。

交易管理
包括下單、帳款處理等。

電子型態
提供電子型態給潛在的網路買主。

顧客與供應商管理
包括徵信與供應商績效管理等。

基本模式

加入市集
不管買方或賣方，都需加入一個（或多個）電子交易市集。

介紹自己
提供公司基本資料，如欲採購（或銷售）的產品項目資料。

查詢比價
買方列出欲購買之商品，由市集篩選出合適的供應商名單。

配對撮合
買方確定產品的規格、價格和數量等，並決定賣方。

下單採購
確定賣方後，買方在線上下單，包括明定交貨方式和日期。

信用查詢
賣方查核買方之信用資料，確認無誤後回 mail 給買方，確認交易完成。

扣款入帳
交易資料需連到銀行或信用卡公司，連線完成金流部分。

周邊服務
交易完成後，整合後續相關的倉儲、物流和通關報稅等交貨服務。

成員

買方	賣方	電子市集經營者
內容提供者	附加價值的提供者	促成者

Unit 4-16
電子交易市集 (2) ──成功關鍵因素

電子交易市集的成功關鍵因素，說明如下：

一、市場規模及流量

由於電子市集規模愈大，愈能吸引更多買賣雙方加入，所以，電子市集的第一個關鍵因素是市場規模及流量。例如，HP 等全球知名 15 家電子資訊業者所組成的 Converge，係以 2,000 家供應商、8,000 家買者為主，其釋放之金額可能占總體產業的 40%，這是一種垂直供應鏈模式的電子市集。另外一種稱為開放式電子市集，採取水平方向擴大其社群，例如，Global Sources 以國際貿易為主。

二、提供附加服務

目前一般開放式電子市集最大的問題之一是附加服務不足，因為選擇型錄式的電子交易市集與專業入口網站差距不大，只是加速買賣雙方的相遇，但實質上的下單仍需與對方面對面接觸，看過產品及工廠、調查財務後，才敢真正的下單或出貨。但嚴重的是，大家均不喜歡將原有合作夥伴帶上開放式電子市集與對手共享，卻又想要到電子市集「尋找機會」。

所謂提供有效的附加服務並沒有一定的答案，應依產業別而有所不同。以國際貿易為例，除前端作業的搜尋和議價下單外，應包括中端的風險控管（徵信、保險等），後端之文件核對流程（含買賣契約往來確認、進出海關、貨運站到貨付款等）、物流、金流、資訊流等服務。

三、累積產業知識

由於不同產業有不同的專業知識，因此在電子市集中，單在產品分類上便是一門高深學問，例如塑膠專業，原料分類可達 3 萬種。擁有產業知識，一方面可瞭解產業瓶頸、評估市場潛力，以及選擇市場的切入點；其次，較能針對市場需求，提出解決方案。

四、使用同一種語言

使用同一種語言，即是標準化的建立（含軟、硬體、平台），唯有在國際標準規範下，始能與國際接軌，亦才能吸引更多的買賣雙方加入。

五、整合能力和策略聯盟

整合在不同電子市集，可能代表不同的意義。最常見的封閉和協同式的電子市集中，整合係指連結供應鏈中不同的資訊系統。整合是電子市集的基礎建設之一，花費時間長，這是電子市集無法取代傳統交易方式的原因。

六、獲利模式

　　不同產業條件有不同的獲利機會，例如，促成者類的專案、顧問諮詢、軟體授權，而經營者類則有 ASP 模式（按服務量收費）、會員費、交易佣金等模式。不過目前因大環境條件不佳，故對開放式電子市集相對不利。所以，Commerce One甚至從開放市場經營保守轉向解決方案提供者，而以協助產業和私有市集的建構為主要業務。

成功關鍵因素

1.

市場規模及流量
規模愈大，愈吸引買賣雙方加入。

2.

提供附加服務
附加服務無一定內容，依產業別而有所不同，包括前端搜尋、中端風險控管、後端文件核對流程。

3.

累積產業知識
產品分類是一門專業學問，瞭解產業，愈能針對市場需求找出解決方案。

4.

使用同一種語言
在國際標準規範下，進行國際接軌。

5.

整合能力和策略聯盟
整合涉及公司與公司、產業與產業間之串聯，除技術問題外，亦與聯盟關係密切相關。

6.

獲利模式
不同產業條件，有不同的獲利機會。

Unit 4-17
服務供應鏈

　　服務供應鏈目前仍無一致性看法，但依服務的參與程度，大致可分為三類：

　　第一類，認為服務供應鏈是傳統供應鏈中與服務相關聯的環節和活動。此類服務供應鏈強調訂單處理的速度和產品品質，同時考量庫存和服務成本之間的平衡。

　　第二類，認為服務供應鏈是服務行業中應用供應鏈概念管理有形產品。此類服務供應鏈強調庫存管理和資訊整合的做法，藉以提高服務綜效。

　　第三類，認為服務供應鏈是在服務行業中應用供應鏈概念管理無形服務。此類服務供應鏈強調專業服務的供應商到顧客之資訊管理、流程管理、能力管理、服務績效和資金管理，即是以服務為主導的整合供應鏈。例如，航空公司、旅館及旅行社之間透過資源整合，達到服務供應鏈之效率提高和成本降低的目的。

　　許多製造企業逐步將產品的定義，從單純的有形產品擴展到產品的增值服務，此趨勢稱為產品服務化。許多公司積極推動產品服務化，如 IBM 及 HP 的資訊服務等。服務外包甚至已經成為部分公司的核心競爭力之一。例如，部分跨國公司如 GE、HP、IBM 等充分運用全球勞動力，將相關服務業務外包給其他國家企業，以獲得相關技術、顧客服務和產品設計等。

一、服務供應鏈之趨勢

　　服務供應鏈的特徵不同於產品供應鏈，未來結合服務供應鏈特性與產品供應鏈的做法，以強化服務供應鏈營運的做法將成為一種趨勢。由於服務供應鏈牽涉較多的服務行業，但不同服務行業的業務特性又有所不同，因此，服務供應鏈的運作方式仍不斷在改善。目前最受重視的做法包括，第一，是對不同行業的服務供應鏈之共同性探討，也就是建構出一些通用模式供服務業使用；第二，是針對不同服務業之產業特性，找出符合該服務業的服務供應鏈運作方式，以協助該服務業有效發揮其服務供應鏈的績效。

二、服務供應鏈與產品供應鏈之比較

　　服務供應鏈部分特性與產品供應鏈相同，例如，它們都是基於專業化趨勢和核心競爭力的發展，促使業務外包成為主流。其主要管理內容包括供應、計畫、物流、需求等項目；其管理目標都在達成既定的服務水準，與系統總成本最小化的目標；必須進行整合之項目則包括業務整合、合作關係整合、資訊整合和激勵機制整合。

　　然而，服務供應鏈與產品供應鏈仍有很大的差異，主要不同點為服務產品與製造產品之特性。服務產品不同於製造產品的特性，包括顧客影響、無形商品、無法分割、異質性、無法儲存、勞動密集等。這些特性造成服務供應鏈有別於產品供應

鏈的運作方式，包括，第一，服務供應鏈在結構上需要更多較短的供應鏈通路，其典型結構包括功能型服務供應商、服務整合商、顧客，營運模式則採取市場拉動型。第二，供應鏈協調的內容主要是服務能力協調、服務計畫協調等。第三，服務供應鏈的穩定度較低，主要是最終顧客的不穩定性，再加上異質化的顧客服務需求，使得企業所選擇的服務供應商會因市場需求的變化及時調整。

類別

- 認為服務供應鏈是傳統供應鏈中與服務相關聯的環節和活動
- 認為服務供應鏈是服務行業中應用供應鏈概念管理有形產品

- 認為服務供應鏈是在服務行業中應用供應鏈概念管理無形服務

趨勢

- 前置工作：服務供應鏈的設計和合作夥伴之選擇
- 強調：對服務供應鏈中服務協議和服務品質的監控

- 重視：服務供應鏈之績效評估體系和衡量指標之建立
- 學習掌握：服務供應鏈中服務能力的傳遞、控制與執行

服務供應鏈受到重視的做法

- 建構一些通用模式供服務業使用

- 針對不同服務業之特性，找出符合該行業的服務供應鏈運作方式

與產品供應鏈不同之處

- 需要較短的供應鏈通路
- 供應鏈協調的內容主要是服務能力協調、服務計畫協調等

- 服務供應鏈的穩定度較低，企業選擇的服務供應商會因市場需求的變化及時調整

Unit **4-18**
綠色供應鏈管理

一、綠色供應鏈管理之概念

綠色供應鏈（Green Supply Chain Management, GSCM）是以傳統的供應鏈為基礎，運用製造技術、控制技術和網路技術等新技術，達到對資源合理利用、降低成本和減少環境污染之目標。綠色供應鏈管理係考慮供應鏈中各個環節的環境問題，重視環境保護，促進經濟與環境的協調發展。也就是在供應鏈管理的基礎上，加入環境保護做法，將綠色概念貫穿於整個供應鏈中。其特性如下：

(一) **充分考量環境問題**：綠色供應鏈管理充分考量供應過程中所選擇的方案，對環境和人員之影響、資源合理利用、節約能源、廢棄物處理與回收、環境影響評估等。

(二) **採取封閉式循環運作方式**：綠色供應鏈係對生產過程中產生的廢品及廢料、運輸倉儲及銷售過程的損壞品等，回收處理後再使用或重複利用。

(三) **運用同步工程的做法**：同步工程從設計開始就考量設計下游可能牽涉的影響因素，並考慮材料的回收與再利用。

(四) **強調與供應商之間的資訊共享**：資訊共享包含綠色材料的選取、產品設計等。

(五) **應用網路技術**：企業利用網路完成產品設計、製造，尋找合作夥伴，以達成企業間資源共享，減少運輸對環境的影響。

二、綠色供應鏈管理之內容

(一) **綠色設計**：綠色設計主要從零件設計的標準化、模組化、可拆卸和可回收設計上進行研究。即是設計階段充分考慮產品對生態和環境的影響，使設計結果在整個產品生命週期內之資源利用、能量消耗和環境污染最小。

(二) **綠色材料**：即是原材料的開採、生產、產品製造、使用、回收再利用及廢料處理等過程中，節省能源和資源，減少環境污染。

(三) **綠色供應**。

(四) **綠色生產**：即對於原材料到零組件的生產及其過程中，物料流動、資源消耗、廢棄物產生、對環境的影響等進行管理。

(五) **綠色銷售、包裝、運輸和使用**。

(六) **產品廢棄處理**：產品廢棄處理主要是回收再利用、循環使用和報廢處理。

三、綠色供應鏈管理之做法

(一) **改善企業內部管理**：重新設計和調整功能部門間的運作和考核機制，簡化作業流程，減少資源浪費、節約能源和降低環境污染。例如，實施綠色採購。

(二) **強化供應商的環境管理**：綠色供應過程對供應商提出更高的環境管理要求，包括製造商本身的資源與能力、供應商對環境保護的認同。

(三) **提高消費者環境意識**：發展綠色消費可減少消費行為對環境的衝擊。

(四) **加強政府部門之執法能力**：政府部門應宣導環保的重要性，並針對不同對象，採取不同方式進行教育訓練。

特性

- 充分考量環境問題
- 採取封閉式循環運作方式
- 運用同步工程的做法
- 強調與供應商之間的資訊共享

  其他如：對供應商的評估和挑選、綠色生產、運輸和配銷、包裝、銷售和廢物的回收等過程的資訊。

- 應用網路技術

  其他如：透過電子商務搜尋市場供求資訊，減少通路；透過網路技術進行集中資源配送。

綠色供應鏈管理之內容

- 綠色設計

  1. 標準化設計可減少加工難度和能量的消耗，減少設備及其拆卸的種類和複雜性；2. 模組化設計係使產品結構易於裝配、拆卸、維護；3. 可拆卸設計就是零件結構設計布局合理，易於拆下零組件和回收再利用及處理；4. 可回收設計係指產品生命週期內之回收設計提高零組件重複利用率、材料回收量。

- 綠色材料
- 綠色供應

  1. 綠色供應商，即對上游供應商生產的環境、有毒廢棄物污染、包裝材料、危險氣體排放等進行管理；2. 綠色物流，係為運輸、倉儲、搬運、包裝、流通加工等物流過程對環境影響進行管理。

- 綠色生產

  包括：綠色工具；生產資源的回收、分類、處理和再利用；生產設備之能源、資源消耗及環境污染；綠色產品製造過程的人性化；重視環境保護。

- 綠色銷售、包裝、運輸和使用

  1. 綠色銷售是指企業對銷售過程進行綠色管理；2. 綠色包裝，包括包裝設計、包裝結構、包裝材料、包裝材料的回收、處理和循環使用；3. 綠色運輸，包括考量集中配送、資源消耗和運輸規劃；4. 綠色使用，包括產品的使用壽命和再循環使用。

- 產品廢棄處理

綠色供應鏈管理之做法

- 改善企業內部管理
- 強化供應商的環境管理
- 提高消費者環境意識
- 加強政府部門之執法能力

Unit 4-19
物聯網 (1) ——基本概念

一、物聯網簡介

物聯網（The Internet of Things, IoT）是將所有物件串連在一起的智慧網路，也就是它是一個物物相連結的龐大網路。在這網路中的智慧物件運用包括無線射頻識別、無線通信、定位等技術，透過感測、識別及網路，促使任何智慧物件在網路進行資訊交換，以達到具備高價值之應用服務。

網際網路技術的快速發展與應用，改變人類的生活與溝通方式，隨著網路與通訊技術的創新及微機電技術之進步，感知與物件之聯網技術，已將感測器與無線通訊晶片嵌入實體物質中，並與其高度整合。食、衣、住、行、育、樂各方面的電子產品，也逐漸植入感測及無線通訊的晶片，各式各樣智慧物品亦紛紛上市，如智慧型手機、智慧插座、具紅外線感應能力及無線傳輸能力的 LED 照明燈、機器人、智慧冰箱、智慧血糖機、智慧血壓計、智慧跑步機、網路電視、智慧家電等，大幅提升人們生活中的便利性與即時性。

IoT 透過在物體上植入各種微型感應晶片使其智慧化，並藉由無線網路連結上網，使物體的資訊得以分享，實現人和物體對話、人和人對話，以及物體和物體之間的交流，促使人們生活中所接觸的物體更具智慧，透過自動回報系統，自動與人、物進行溝通。

智慧型手機則是智慧物件中最突出的一項。例如，運用手機上的 GPS 系統與交通導航程式結合，以即時告知手機使用者，某路線車流量的狀態，並進一步提供智慧交通服務。如手機上無線射頻識別系統（RFID）與商品應用程式，可使消費者購物時，只需將手機靠近商品，能確認此商品在何處可購買到與何處較便宜。

二、物聯網之應用

人們生活空間中的各式設備或物件，如手機、照明設備、家電產品、鐵路、建築物等，如何能使之容易與人們互動，以達到優質化生活，則是 IoT 之最終目標。

IoT 中的智慧物件對實體空間中的環境變化進行感測與識別，自動將資訊傳遞到網際網路，供使用者分享與使用。使用者接收即時訊息後，可透過遠端遙控智慧物件的運作或事先設定模式，在不同的事件下自動運行，並在 IoT 中自動與其他智慧物件進行對話、分工或合作。應用範圍遍及交通、環境保護、政府工作、公共安全、家居安全、消防、工業監測、老人護理、個人健康、綠能產業等領域，有助於改善人們的生活品質。例如，手機是常見的 IoT 設備，內建 RFID、GPS 及光感測器等各種感測與識別硬體，並加上 WiFi、藍芽、3G、4G 等無線傳輸，及多樣化的軟體與 APP，以使智慧手機接近 IoT 所要求的智慧物件，包括物流服務、智慧學習服務、智慧醫療服務、智慧家居服務、智慧交通服務，以及智慧綠能服務等應用。

物聯網特色是它允許物件間相互溝通。透過網路傳輸，達到智慧識別、定位、追蹤、監視和管理，工作流程自動化可以在任何業務流程中進行。基礎設施在物聯網的運作下提供服務，使得資訊和決策可建立在更具適應性和互動性的方法上。

定義

將所有物件串連在一起的智慧網路，也就是它是一個物物相連結的龐大網路。它包括 RFID、無線通信等技術，透過感測、識別及網路，促使任何智慧物件在網路進行資訊交換。

特性

全面感知
即利用 RFID、感測器、QR code、二維條碼等，隨時隨地蒐集物體的資訊。

可靠傳遞
透過各種電信網路與網際網路的結合，將物體的資訊適時正確地傳遞出去。

智慧處理
利用雲端計算及模糊識別等各種智慧化計算技術，對大數據和資訊進行分析和處理，達到物體實施智慧化控制。

物聯網之架構

感知層
感知層係指具感測或識別能力的元件嵌入各種真實物件中，使其更具智慧。

網路層
網路層則是 IoT 中的智慧物件具有網際網路能力，使得感測資訊傳遞至網際網路，除分享即時且重要資訊給適當使用者外，亦可提供使用者遠端互動功能。

應用層
透過上述感知與網際網路技術，使人們在任何時間與地點，可享受與該物件相關的應用服務。

物聯網之應用

應用範圍遍及交通、環境保護、政府工作、公共安全、家居安全、消防、工業監測、老人護理、個人健康、綠能產業等領域，有助於改善人們的生活品質。

Unit **4-20**
物聯網 (2) ── 發展趨勢

物聯網需要各式各樣的新技術及技能,許多企業尚未準備妥當,加上技術與服務相關供應商均不成熟,因此仍有大的發展空間。基於物聯網的技術與原則會廣泛影響企業,範圍包括商業策略、風險管理及各式各樣的技術領域。未來物聯網發展趨勢可能包括下列方向:

一、物聯網安全

物聯網的崛起,將有各式各樣新安全風險及挑戰。安全技術必須避免訊息攻擊與實體破壞、提供加密功能、解決「冒名物件」、會耗盡電池的拒絕休眠攻擊等挑戰。

二、物聯網裝置管理

包括裝置監測、韌體與軟體的更新、實體管理及安全管理等。

三、物聯網分析技術

物聯網商業模式將以各種方式利用「物件」所蒐集的資訊,物聯網的需求可能會偏離傳統技術。

四、低功耗短程物聯網網路

低功耗短程網路為物聯網聯網技術主流,普及程度將超過廣域物聯網網路,惟商業與技術上的權衡仍有許多解決方案共存。

五、物聯網處理器

物聯網裝置使用之處理器與架構能定義裝置性能,例如是否具備強大的安全與加密功能?技術是否足以支援其他作業系統等。

六、物聯網作業系統

目前已開發出各式各樣的物聯網作業系統,以滿足不同硬體印記與功能需求。

七、低功耗廣域網路

廣域物聯網網路的長程目標,包括透過全國性覆蓋將資料傳輸率從每秒數百個位元提升到數萬個位元等。窄頻物聯網(NB-IoT)等新崛起的標準將成為主流。

八、物聯網平台

物聯網平台將物聯網系統之基礎架構元件整合成單一產品。這種平台包括物聯網資料的取得與管理、低階裝置控制與營運、物聯網應用程式開發。

九、物聯網的標準與生態系統

物聯網裝置必須相互溝通，以使商業模式能分享不同裝置與組織間的資料。未來市場將有更多物聯網生態系統崛起，且主導智慧城市、智慧家庭、與智慧醫療照護等。

十、事件串流處理

利用平行架構處理高資料傳輸率串流，以完成即時分析、型態辨識等工作。

物聯網現況

企業未準備妥當

需要各項新技術及技能

技術與服務供應商尚不成熟

- 物聯網安全
- 物聯網裝置管理
- 物聯網分析技術
- 低功耗短程物聯網網路
- 物聯網處理器
- 物聯網作業系統
- 低功耗廣域網路
- 物聯網平台
- 物聯網的標準與生態系統
- 事件串流處裡

Unit 4-21
物聯網 (3) ——物流應用

　　物流是物聯網相關技術應用最多的領域之一。物聯網的建設有助於物流更快速達到智慧化、資訊化和自動化，進而有效整合物流功能，因此對物流服務之運作將產生巨大影響。

一、物聯網在物流應用上所面臨之問題

　　物聯網雖可為物流產業帶來許多效益，但物聯網的應用仍處於初步階段，仍有不少問題待解決，說明如下：

(一)技術方面：物聯網實現物流智慧化，但它是通用技術，而物流業卻是個別需求最多、最複雜的產業之一，甚至部分需求在應用上之要求比技術開發更難，所以必須研究解決物聯網通用技術與物流產業之個別化需求整合的問題。另外，資訊蒐集的及時性與正確性、資訊交流互通、大量感知資訊等如何轉化為知識，這些都是物聯網必須解決之問題。

(二)標準化方面：為使物聯網有效推動，必須建立標準化體系，以處理物品檢索互通問題。目前各領域標準在制定中獨立進行，因此，各項標準之間缺乏溝通和協調；在缺乏統一標準之下，造成物聯網各種技術整合的困難，不利於物聯網在物流方面的推動。

(三)資訊安全方面：物聯網的關鍵技術之一RFID，在技術上仍存在許多問題。首先是隱私權問題，RFID基本功能要保證任何一個標籤能在遠程被任意掃描，且可追蹤和定位某特定用戶或物品，進而獲得相關資訊；但也存在未經授權的機構或個人對RFID的讀取及寫入，甚至發生非法追蹤、盜取貨物或機密資訊。同時，物聯網必須依賴網路運作，面臨網路存在的安全問題。

(四)成本方面：物聯網技術在物流產業中之應用，其最大的限制就是成本價格。物聯網技術的應用成本包括電子標籤、接收設備、系統整合、電腦通訊、數據處理平台等建設，使低利潤的物流產業面臨沉重的成本壓力。

二、物聯網與物流之發展

(一)推動物聯網產業策略，並與物流產業進行整合：首先，政府應針對物聯網產業的發展方向、關鍵技術等，提出明確的政策規劃。同時必須對物聯網產業與物流產業之整合所牽涉技術（如產業應用、感知、傳輸通信等領域）的架構、標準、關鍵技術等，投入更多資源。

(二)建立物聯網標準化：物聯網標準化之建立需整合各相關資源，並進行跨部門與跨地區合作，著手共同性技術標準的制定，如統一編碼規則等。物聯網標準的制定亦應與國際機構和企業合作，吸取國際市場的相關應用技術標準，使物流活動之推動更為容易。

(三)強化資訊安全：RFID對物流安全的最大問題是資訊保密。唯有在商品完成交易進入消費的過程中，透過資訊加密，使未授權閱讀器無法識別RFID標籤，且不能讀取相關資訊。因此必須安裝防火牆、檢查病毒軟體、建立和改善加密技術、制定相關法令，以避免阻礙物流產業的發展。

(四)降低成本：物聯網的推動，將使產業鏈上、下游的製造業和零售業對RFID技術應用到物流活動更為普遍。透過上、中、下游供應鏈共同承擔費用，在使用者不斷增加之下，RFID將大幅降低成本，進而更順利地在物流活動中使用。

物聯網對物流的影響

生產物流部分

可達成整個生產線上的原材料、零組件、半成品和成品的識別與監控。

運輸物流部分

物聯網透過運輸中貨物和車輛的 EPC 標籤，及運輸線上檢查點之 RFID 接收裝置，將使得物品在運輸過程更為透明。

倉儲物流部分

將物聯網技術（如 EPC、RFID 等技術）應用在倉儲管理，可使倉庫的存貨、盤點、取貨等以自動化方式進行操作，進而提高作業效率與降低作業成本。

配送物流部分

運用 EPC 技術可精確掌握貨物存放位置，縮短揀選時間，加快配送的速度。

銷售物流部分

貼上 EPC 標籤的貨物被客戶提取時，智慧貨架會自動識別並透過網路通知系統。

面臨之問題

技術方面　標準化方面　資訊安全方面　成本方面

物聯網與物流之發展

推動物聯網產業策略，並與物流產業進行整合

建立物聯網標準化

強化資訊安全

降低成本

Unit 4-22
O2O 基本概念

一、O2O 之基本概念

「O2O」係指整合「線上（Online）」與「線下（Offline）」兩種不同平台所進行的一種電子化營運模式。

O2O 不是新型電子化營運模式，在 2000 年以後，網路快速發展之際，已產生類似概念的做法。目前最常見的 O2O 模式，即是由消費者網路下單購買產品或服務，再前往實體店面取貨或使用服務。這種模式在 Groupon 折扣網站與知名團購網站受消費者普遍使用後，即成為專心經營線上或線下商務的企業進一步發展的重點。

目前 O2O 形式所掌握的線上、線下工具更為多元。由於智慧型手機等行動裝置與網路的普及化，使傳統廠商往線上發展的成本下降、門檻降低，同時消費者也能透過不同的工具，讓線上與線下快速接軌。例如，智慧型手機透過手機鏡頭讀取 QR Code，即可直接連結到指定的網頁。各種類型的 App，更促使智慧型手機成為線上與線下相互溝通的橋樑。另外，社群平台具備高度聚集力與快速訊息傳遞等特性，也促使 O2O 快速發展。

過去 O2O 大多採取線上付費、線下消費的方式（如團購網、Coupon 券等），但透過智慧型手機，也使 O2O 能反向操作。例如，台灣最大的線上書店博客來所推出的 App「博客來快找」，可使消費者在逛書店時，直接透過手機掃描書籍的條碼，在博客來找到相同的書，並享受更多折扣。另外，全球知名連鎖超市 Tesco 在南韓便在各大地鐵站以刊登廣告的方式，將商品圖像編排如同貨架一般的「QR Code 商店」，使旅客能直接透過手機拍攝 QR Code，並逕自經由手機下單購買商品。

二、O2O 之優勢

(一) **口頭通路的擴散性**：經由活動舉辦或推薦機制，使消費者透過簡單的動作（例如，手機打卡、拍照上傳等），將實體商店資訊快速傳遞到社群平台等網路，有利於引導其他線上潛在消費者來店消費。

(二) **資訊互通**：透過線上下單的方式，讓消費者留下相關資料；而實體商店則在消費者進行消費時，透過連結資料庫取得資料，以進一步瞭解顧客個人偏好，最終可於服務時滿足顧客需求。

(三) **提供適當資訊**：透過智慧型手機上的 App，可對消費者傳遞符合個人偏好與分享價值之促銷訊息，或主動將附近商家資訊傳遞給消費者。以星巴克的「買一送一券」為例，就造成主動瘋狂轉寄、散布社群平台，有效達到消費者來店購買產品之目的。

(四) 異業合作：整合實體與虛擬通路的 O2O 行銷，亦適合異業合作進行推薦銷售。以訂位網站 EZTABLE 易訂網為例，除餐廳訂位的主要業務，也導入餐券銷售服務，除滿足消費者需求，也拓展新的營業項目。

(五) 整合行銷資源：透過線上與線下同步發送行銷資訊，較單一通路，更能吸引消費者的注意。

定義

係指整合線上與線下兩種不同平台所進行的一種電子化營運模式

實體商店推薦

線上付費　→　**核心價值**　←　效果監測

特性

· 消費者方面
　包括得到豐富的商家及其服務之資訊、更方便向商家進行線上諮詢及預售、取得比線下直接消費更便宜的價格。

· 商家方面
　包括獲得更多的宣傳及展示機會，吸引更多新客戶來店消費。

· O2O 平台方面
　可吸引大量線下商家加入、較 C2C 和 B2C 有更多的現金流、具廣告收入空間及規模化後更多的營利模式產生。

優勢

· 口頭通路的擴散性
· 資訊互通
· 提供適當資訊

· 異業合作
· 整合行銷資源

O2O 的營運模式不僅造成企業在行銷策略的調整，更全面衝擊供應鏈的運作機制。雖然 O2O 不必然直接影響實體物質的移動，但是間接上也會衝擊原有商家的運作方式，例如，時間上可能必須更精準掌握消費者需要的時間點；又可能因取貨方式改變而造成實體物質的運送機制隨之調整。

一、供應鏈整合方面

O2O 對供應鏈的各環節均有所影響，包括供應鏈平台、存貨、運輸、應收及應付帳款、線上支付、生產數量等，因此如何在原有供應鏈的運作上能適當的予以調整，是值得供應鏈中的所有成員必須思考的問題。尤其不能為求短期營業收入的增加，而忽略供應鏈長期合作關係，更重要是可能因加入其他供應鏈成員，整體運作必須適時適當地進行整合與修正。例如，線上支付平台的加入，其他供應鏈成員在應收及應付帳款管理方式等均應予以調整，且個別商家必須修正原有之作業流程。

二、存貨管理方面

由於消費者在 O2O 營運模式相對會具有更大影響力，因此不論製造商或服務商、批發商、零售商等，均得更注意消費者即時或指定時間的要求，也就是供應鏈相關成員必須調整原有存貨方式，否則便可能面臨無法因應消費者需要之困境。

三、運輸管理方面

O2O 既改變消費者的消費行為，自然也衝擊了實體物質移動的方式、時間及地點，供應鏈相關成員將因此調整運輸管理的作業。例如宅配作業係採取送貨到府或超商取貨或指定店面取貨，都會改變業主、物流公司等在運輸管理的作業。

四、消費者資訊運用方面

線上交易提供許多消費者購買資訊，而這些資訊不僅是讓企業掌握消費者偏好外，更重要的也可使企業對消費者提供更多符合其需要的產品與服務，進而達到在相同消費能力下，獲得更高的滿足。另外，經由整合平台提供的資訊，在適當時機回饋消費者，使其在消費上能具有更多主控權。至於其他供應鏈成員如物流公司，亦能根據系統提供之資訊而更有效率地安排運輸等方面的能力。

五、客戶關係管理方面

O2O 透過整合平台可做到更多的客戶關係管理，而它不僅只是針對一般消費者進行相關服務作業與管理，供應鏈其他成員也能在平台的協助下，對其相關客戶執行客戶關係管理的工作。例如，物流公司可對製造商在存貨管理提供配套式做法，減少其庫存品存量，有效降低庫存成本。

六、供應鏈法律問題方面

O2O 在運作中牽涉到供應鏈各個成員，因此除最根本的消費糾紛法律問題外，供應鏈不同環節中成員之間的相互交流所產生之各種法律問題，亦需予以考量。因此，O2O 整合平台在支付、貨品、時效、品質、服務等方面可能產生之相關糾紛，必須建立一套共識的協商解決機制，以處理 O2O 日漸增多的糾紛。

O2O 未來發展方向

顧客關係管理

建立線上與線下間循環

顧客體驗管理

追蹤廣宣效果

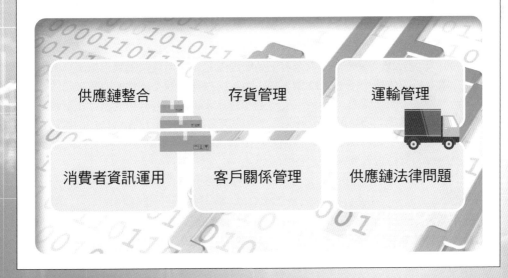

O2O 與供應鏈

供應鏈整合

存貨管理

運輸管理

消費者資訊運用

客戶關係管理

供應鏈法律問題

Unit 4-24
個案：台塑網電子交易市集

台塑網電子市集以產業界的採購制度為基礎，為 B2B 網路市集平台，其平台計一萬多家供應商。它具備各項材料分類的電子交易做法，其目的在於提升採購與發包作業效率，擴大詢價規模，降低採購與工程發包成本。

該系統特色包括跨產業供應商陣容（共享平台一萬多家供應商，跨產業材料類別達三千多種）、完整龐大營運規模適用兩岸（依兩岸商業特性設計）、低成本且快速導入（可依需求選擇使用平台功能作業，或利用資料交換方式與企業 ERP 作業結合）、降低庫存成本（供應商可透過電子市集掌握廠商目前的庫存狀態）、資訊安全性維護（系統全面採用 PKI 電子簽章加密機制）、完整實務制度基礎（包含請購開始至詢價、報價、開標、議價、訂購、交貨、付款等所有流程，皆可於平台上完成）、減輕採購工作負擔等。

協助王品集團發揮最大採購綜效。對餐飲業而言，採購成本占據總成本的比例相當高，且採購商品品種繁多、頻率密集、採購流程複雜，容易形成管理漏洞，造成成本負擔。王品集團如何尋找到理想的供應商，獲得品質安全、交貨及時的原料供應，並有效地降低企業原料採購成本，提高競爭力，因此透過採用台塑網電子市集進行採購管理，發揮最大採購綜效。

在日本的餐飲採購，98% 是透過電子市集平台完成；而在歐洲，餐飲企業大宗採購 100% 透過電子市集平台來完成；在台灣，王品集團則率先引進台塑網電子市集來管理採購流程。

台塑網認為，「我們與其他 B2B 電子市集平台不同，是以 buyer 的角度為出發，更能大幅降低採購成本，為客戶發揮最大採購利益。以王品集團為例，不但能迅速與供應商建立連結並共享電子市集供應商擴大詢價規模，透過平台上供應商之間的良性競爭，更有效地降低採購成本。更重要的是，營造良幣驅逐劣幣的經營環境，把最優質的供應商留在平台上。」為維持公平公正的競標機制，採購商皆以「公開詢價」方式進行，而供應商的「報價不公開」，也是建立公平交易環境的必要條件。

2008 年開始導入電子市集至今，王品集團由七個事業體擴張到十三個事業體，然而採購人員卻依然維持 11、12 個人員，顯示出採購流程系統化所能帶來的效益。

台塑網電子商務處處長陳瑞彬說，台塑網將「訂單融資」的功能結合在平台上，廠商可以自由選擇此項金融服務，提高本身的現金流量。「不過，電子市集許多效益是無形的，想要成功推動，還是得靠決策者的支持。王品集團能夠成功執行，戴勝益董事長的支持是首要關鍵。」

問題

王品集團近年來快速成長，其成功關鍵因素除導入台塑網電子市集進行採購管理此因素外，您認為在供應鏈管理上又做了哪些努力？試論之。

資料來源：台塑網 FTC

個案情境說明

台塑網電子市集以產業界的採購制度為基礎，
為 B2B 網路市集平台，具備各項材料分類的電子交易做法

台塑網電子市集架構圖（見圖 1）

台塑網電子供應鏈採購管理系統（見圖 2）

系統特色

| 跨產業供應商陣容 | 完整龐大營運規模適用兩岸 | 低成本且快速導入 | 降低庫存成本 | 資訊安全性維護 | 完整實務制度基礎 |

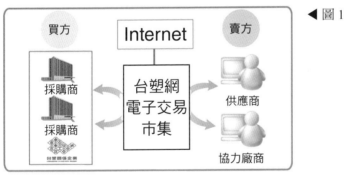

◀ 圖 1

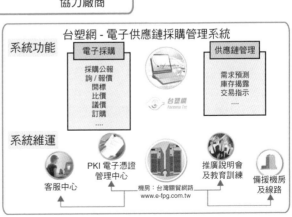

圖 2 ▶

Unit 4-25
個案：阿里巴巴與 Walmart 的競爭

　　阿里巴巴已經躍居全球最大網上零售企業，為何聲稱 15 年內超越 Walmart？「2014 年 7 月 7 日，Walmart 再次位居《富比士》雜誌全球 500 大企業首位，這是它第 11 次奪冠。10 多年來，Walmart 一直遙遙領先全球其他企業，包括眾多金融、石油和科技巨頭。2012 年，阿里巴巴旗下淘寶網和天貓網銷售總額突破 1 兆人民幣，這是全球第一家年銷售規模達到 13 位數的零售企業，但阿里巴巴利潤總額仍不及 Walmart。Walmart 半世紀來在全球所建構龐大的供應鏈生態系統，阿里巴巴並不容易在短期內超越。這或許是馬雲把超越 Walmart 的目標從 2008 年所說的 10 年改為 2014 年的 15 年。

　　在供應鏈服務競爭上，阿里巴巴和 Walmart 的差異為何？ Walmart 的供應鏈屬 B2C 模式，是以企業的生產供應為主導的供應鏈，被稱為推動式供應鏈；而阿里巴巴的天貓網和淘寶網的供應鏈屬 C2B 模式，是以消費者的消費需求為主導的供應鏈，被稱為拉動式供應鏈。

　　阿里巴巴如何超越 Walmart？ 2013 年，馬雲宣布聯合十多家企業斥資 3,000 億投資建立菜鳥網路，主要在改善供應鏈服務體系。即是以平台整合產業上、下游資源，建立開放型合作共贏的生態體系，這是阿里巴巴不同於 Walmart 的做法。但 Walmart 也沒有只是維持現狀，近年來以收購等方式進入電子商務市場。在 O2O 興起之際，在美國，Walmart 已躍居美國第二大電子商務零售商；在中國，Walmart 也透過收購 1 號店成為中國最大電子商務企業之一。

　　當全球都在注目中國電子商務的發展速度和規模時，阿里巴巴成功上市，市值遠超過亞馬遜、eBay 等競爭對手。但從問題的反面來觀察阿里巴巴的成功，發現主要是因為中國大陸供應鏈的不正常現狀，造成電子商務的快速成長。

　　為何中國大陸電子商務市場比歐美發展得更快？不是因為中國網際網路技術超越美、日、德，而是中國大陸供應鏈相對扭曲，同一品牌，中國製造商品在美國超市的售價反低於中國。這是因為中國傳統銷售通路複雜，層層加價，造成產品價格高，供貨週期長。美國 Walmart、日本 7-11 等流通主通路和扁平化供應鏈，大幅壓縮商品價格。因此，中國人比美國人、日本人網購的需求更為強烈。

　　阿里巴巴的成功上市，係因馬雲藉助資本槓桿取得電子商務生態鏈上的資源。尤其近年來從線上到線下都在進行投資，尤其在大數據和 O2O 上的發展，營造出融合天網、地網、人網超級生態體系，可稱為商業世界的超級虛擬王國。阿里巴巴商業平台有淘寶網、天貓網，金融平台有阿里金融等，物流平台有菜鳥網路等，社交平台有來往及新浪微博等，未來或許能滿足中國大陸人們生活上的大部分需求。

問題

阿里巴巴與 Walmart 的競爭已走向白熱化，您認為兩者各有哪些優勢？又各應強化哪些弱勢？試論之。

資料來源：現代物流報，阿里巴巴 IPO 給中國物流帶來的十個猜想，
2014.09.23。

個案情境說明

阿里巴巴與 Walmart 的競爭在於供應鏈

Walmart 的供應鏈為 B2C 模式，以生產供應為主導的供應鏈，稱為推動式供應鏈

阿里巴巴的供應鏈為 C2B 模式，以消費者的消費需求為主導的供應鏈，稱為拉動式供應鏈

因應策略為收購等方式進入電子商務市場，且成為美國第二大電子商務零售商及中國最大電子商務企業之一

阿里巴巴具有商業平台如淘寶網、天貓網，金融平台有阿里金融等，物流平台有菜鳥網路等，社交平台有來往及新浪微博等，成為天網、地網、人網的超級生態體系

問題重點提要

阿里巴巴與 Walmart 競爭激烈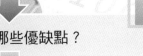

兩者各有哪些優缺點？

試論之

Unit 4-26
個案：海爾供應鏈管理與 SAP

　　海爾公司為滿足每位客戶的需求，提供客製化的產品，逐步走向國際化。因此，公司確立適當的合作策略，並在供應鏈管理方面採取重要措施。對備選方案進行全面分析，海爾集團選擇 mySAP 供應鏈管理（mySAP SCM）和相關的 mySAP Business Suite 解決方案。選擇 mySAP SCM 在於該解決方案能夠滿足最新的作業流程，包括採用 JIT 原材料和製成品存貨管理及全球貿易。

　　ERP 實施後，提高資訊的及時性與準確性，加快供應鏈的回應速度。實施 ERP 後，訂單由 10 天縮短為 1 天，準確率為 100%。另掃描系統能夠自動檢驗採購訂單，財務在收貨的同時自動產生入庫憑證，發揮財務管理與財務監督功能。

　　BBP 系統主要是建立與供應商之間的協同平台。該平台的主要功能包括透過平台業務協同功能，進行招標與投標，並掌握所有與供應商相關的物流管理業務資訊，例如將採購計畫、採購訂單、庫存、供應商供貨清單、配額、採購價格和交貨時間等訊息通知供應商，使供應商全面瞭解與自己相關的物流管理資訊。

　　對非業務資訊的協同合作，SAP 使用構架於 BBP（原材料網上採購系統）採購平台上的資訊中心，為海爾與供應商間進行溝通和回饋提供一個整合環境。通過 BBP 系統交易平台，海爾每個月平均接到 6 萬多個銷售訂單，這些訂單的品類達 1 萬多個，需要採購的物料品種達 26 萬餘種。

　　mySAP SCM 的實施，使海爾中央物流部實現精實流程（是一種同步物流模型，具有集中化訂單處理功能），為 13 個產品部門提供服務。SAP R/3 的財務和相關主數據處理能力採用 mySAP SCM，實現包括 mySAP 供應商關係管理的生產計畫、物料管理、倉庫管理和 B2B 採購能力。

　　mySAP SCM 和相關的 SAP 解決方案在其他 10 個部門實施，並與其他系統無縫整合。mySAP SCM 的倉庫管理能力在 42 個製成品倉庫中實施，使倉庫轉變為配送中心。MM（物料管理模塊）、PP（生產計畫模塊）、FI（財務管理模塊）和 BBP（原材料網上採購系統）也正式上線。海爾的後台 ERP 系統已經涵蓋整個 19 個事業部，建構海爾集團的內部供應鏈。

　　實施和改善後的海爾供應鏈管理系統，可以用「一流三網」來概括。「一流」是指以訂單資訊流為中心；「三網」分別是全球供應鏈資源網路、全球用戶資源網路和電腦資訊網路。以訂單資訊流為中心，將海爾遍布全球的分支機構整合在統一的物流平台上，從而使供應商和客戶、企業內部等資訊網路同步運作，提供訂單資訊流的價值。

問題

海爾的供應鏈管理係導入 SAP 的供應鏈模組，主要原因之一是許多全球性國際大廠都使用其 SAP 的 ERP。請問貴公司的主要客戶所使用的 ERP 為 SAP 公司的供應鏈管理模組，您會如何看待此問題？試論之。

資料來源：萬聯網，海爾的供應鏈管理成功案例，2013.03.07。

個案情境說明

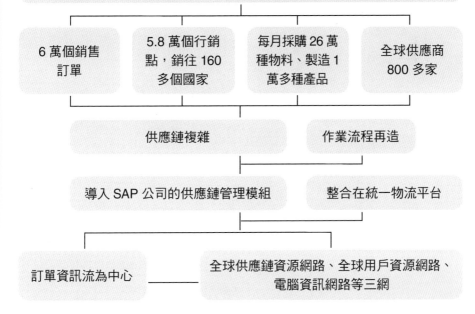

海爾集團為全球性家電大廠，旗下有 240 多家公司，在全球 30 多個國家建立本土化的設計中心、製造基地和貿易公司，員工超過 5 萬人

6 萬個銷售訂單

5.8 萬個行銷點，銷往 160 多個國家

每月採購 26 萬種物料、製造 1 萬多種產品

全球供應商 800 多家

供應鏈複雜　　　　　　作業流程再造

導入 SAP 公司的供應鏈管理模組　　　　整合在統一物流平台

訂單資訊流為中心　　　　全球供應鏈資源網路、全球用戶資源網路、電腦資訊網路等三網

問題重點提要

海爾的供應鏈管理解決方案係導入 SAP 公司的 ERP 模組

主要原因是許多全球性國際大廠均採用 SAP 模組

貴公司的主要客戶使用 SAP 供應鏈管理模組，您會如何看待此問題？

試論之

國家圖書館出版品預行編目（CIP）資料

圖解供應鏈管理/張福榮著. -- 三版. -- 臺北市：五南
圖書出版股份有限公司, 2023.04
　　面；　公分
ISBN 978-626-343-849-1(平裝)

1.CST: 供應鏈管理

494.5　　　　　　　　　　　112002107

1FTR

圖解供應鏈管理

作　　　者：張福榮
發 行 人：楊榮川
總 經 理：楊士清
總 編 輯：楊秀麗
主　　　編：侯家嵐
責任編輯：侯家嵐
文字校對：葉瓊瑄
排版修改：賴玉欣
出 版 者：五南圖書出版股份有限公司
地　　　址：106 臺北市大安區和平東路二段 339 號 4 樓
電　　　話：(02)2705-5066　傳　　　真：(02)2706-6100
網　　　址：https://www.wunan.com.tw
電子郵件：wunan@wunan.com.tw
劃撥帳號：01068953
戶　　　名：五南圖書出版股份有限公司

法律顧問：林勝安律師

出版日期：2015 年 10 月初版一刷
　　　　　2018 年 2 月初版二刷
　　　　　2020 年 6 月二版一刷
　　　　　2022 年 2 月二版二刷
　　　　　2023 年 4 月三版一刷
定　　　價：新臺幣 360 元

※版權所有·欲利用本書全部或部分內容，必須徵求本公司同意※

五南
WU-NAN

全新官方臉書

五南讀書趣

WUNAN Books
since1966

Facebook 按讚

1 秒變文青

五南讀書趣 Wunan Books

★ 專業實用有趣
★ 搶先書籍開箱
★ 獨家優惠好康

不定期舉辦抽獎
贈書活動喔！！！

經典永恆・名著常在

五十週年的獻禮 —— 經典名著文庫

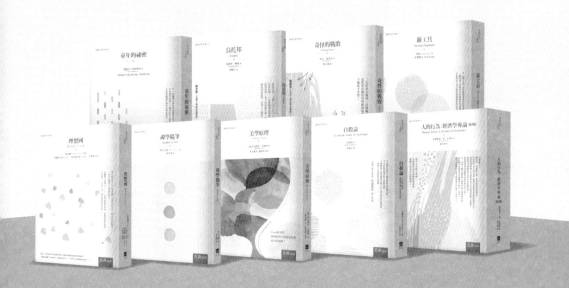

五南，五十年了，半個世紀，人生旅程的一大半，走過來了。

思索著，邁向百年的未來歷程，能為知識界、文化學術界作些什麼？

在速食文化的生態下，有什麼值得讓人雋永品味的？

歷代經典・當今名著，經過時間的洗禮，千錘百鍊，流傳至今，光芒耀人；

不僅使我們能領悟前人的智慧，同時也增深加廣我們思考的深度與視野。

我們決心投入巨資，有計畫的系統梳選，成立「經典名著文庫」，

希望收入古今中外思想性的、充滿睿智與獨見的經典、名著。

這是一項理想性的、永續性的巨大出版工程。

不在意讀者的眾寡，只考慮它的學術價值，力求完整展現先哲思想的軌跡；

為知識界開啟一片智慧之窗，營造一座百花綻放的世界文明公園，

任君遨遊、取菁吸蜜、嘉惠學子！